2022年版全国一级建造师执业资格考试考点精粹掌中宝

水利水电工程管理与实务
考点精粹掌中宝

全国一级建造师执业资格考试考点精粹掌中宝编写委员会　编写

中国建筑工业出版社

图书在版编目（CIP）数据

水利水电工程管理与实务考点精粹掌中宝 / 全国一级建造师执业资格考试考点精粹掌中宝编写委员会编写. — 北京：中国建筑工业出版社，2022.5

2022年版全国一级建造师执业资格考试考点精粹掌中宝

ISBN 978-7-112-27411-6

Ⅰ.①水…　Ⅱ.①全…　Ⅲ.①水利水电工程-工程管理-资格考试-自学参考资料　Ⅳ.①TV

中国版本图书馆CIP数据核字（2022）第088820号

责任编辑：李　璇
责任校对：李美娜

2022年版全国一级建造师执业资格考试考点精粹掌中宝

水利水电工程管理与实务

考点精粹掌中宝

全国一级建造师执业资格考试考点精粹掌中宝编写委员会　编写

*

中国建筑工业出版社出版、发行（北京海淀三里河路9号）

各地新华书店、建筑书店经销

北京鸿文瀚海文化传媒有限公司制版

北京市密东印刷有限公司印刷

*

开本：850毫米×1168毫米　1/32　印张：6　字数：172千字

2022年6月第一版　2022年6月第一次印刷

定价：**20.00**元

ISBN 978-7-112-27411-6

（39160）

前　言

全国一级建造师执业资格考试考点精粹掌中宝系列图书由教学名师编写，是在多年教学和培训的基础上开发出的新体系。书中根据对历年考题命题点的分析，创新采用A、B、C分级考点的概念，将考点分为“必会、应知、熟悉”三个层次，将最为精华、最为重要、最有可能考到的高频考点，通过简单明了的编排方式呈现出来，能有效帮助考生快速掌握重要考试内容，特别适宜于学习时间紧张的在职考生。

全书根据近年考题出现的频次和分值，将各科知识点划分为A、B、C三级知识点，A级知识点涉及的是每年必考知识，即为考生必会的知识点；B级知识点是考试经常涉及的，是考生应知的知识点；C级知识点是考试偶尔涉及的，属于考生应该熟悉的知识点。上述A、B、C分级表明了考点的重要性，考生可以根据时间和精力，有选择地进行复习，以达到用较少的时间取得较好的考试成绩的目的。相比传统意义上的辅导图书，本系列图书省却了考生进行总结的过程，更加符合考生的学习规律和学习心理，能帮助考生从纷繁复杂的学习资料中脱离出来，达到事半功倍的复习效果。

本书既适合考生在平时的复习中对重要考点进行巩固记忆，又适合有了一定基础的考生在串讲阶段和考前冲刺阶段强化记忆。在复习备考的有限时间内，充分利用本书，即可以最少的时间达到最大的效果，从而获得更好的成绩，可谓一本图书适用备考全程。

本系列图书的作者都是一线教学和科研人员，有着丰富的教育教学经验，同时与实务界保持着密切的联系，熟知考生的知识背景和基础水平，编排的辅导教材在日常培训中取得了较好的效果。

本系列图书采用小开本印刷，方便考生随身携带，可充分利用等人、候车、餐前、饭后等碎片化的时间，高效率地完成备考工作。

本系列图书在编写过程中，参考了大量的资料，尤其是考试用书和历年真题，限于篇幅恕不一一列示致谢。在编写的过程中，立意较高颇具创新，但由于时间仓促、水平有限，虽经仔细推敲和多次校核，书中难免出现纰漏和瑕疵，敬请广大考生、读者批评和指正。

目　录

分章节高频考点归纳（A、B、C 分级考点）

分章节高频考点归纳

（A、B、C 分级考点）

A 级 知 识 点
（必会考点）

A1　水利水电工程等级划分及工程特征水位

★高频考点：水利水电工程等别划分

工程等别	工程规模	水库总库容(10^8m^3)	防洪			治涝	灌溉	供水		发电
			保护人口(10^4人)	保护农田面积(10^4亩)	保护区当量经济规模(10^4人)	治涝面积(10^4亩)	灌溉面积(10^4亩)	供水对象重要性	年引水量(10^8m^3)	发电装机容量(MW)
Ⅰ	大（1）型	≥ 10	≥ 150	≥ 500	≥ 300	≥ 200	≥ 150	特别重要	≥ 10	≥ 1200
Ⅱ	大（2）型	< 10，≥ 1.0	< 150，≥ 50	< 500，≥ 100	< 300，≥ 100	< 200，≥ 60	< 150，≥ 50	重要	< 10，≥ 3	< 1200，≥ 300
Ⅲ	中型	< 1.0，≥ 0.10	< 50，≥ 20	< 100，≥ 30	< 100，≥ 40	< 60，≥ 15	< 50，≥ 5	比较重要	< 3，≥ 1	< 300，≥ 50
Ⅳ	小（1）型	< 0.1，≥ 0.01	< 20，≥ 5	< 30，≥ 5	< 40，≥ 10	< 15，≥ 3	< 5，≥ 0.5	一般	< 1，≥ 0.3	< 50，≥ 10
Ⅴ	小（2）型	< 0.01，≥ 0.001	< 5	< 5	< 10	< 3	< 0.5		< 0.3	< 10

注：1. 水库总库容指水库最高水位以下的静库容；治涝面积指设计治涝面积；灌溉面积指设计灌溉面积；年引水量指供水工程渠道设计年均引（取）水量。
2. 保护区当量经济规模指标仅限于城市保护区；防洪、供水中的多项满足Ⅰ项即可。
3. 按供水对象的重要性确定工程等别时，该工程应为供水对象的主要水源。

★高频考点：永久性水工建筑物级别

工程等别	主要建筑物	次要建筑物	工程等别	主要建筑物	次要建筑物
Ⅰ	1	3	Ⅳ	4	5
Ⅱ	2	3	Ⅴ	5	5
Ⅲ	3	4			

水库大坝按上述规定为2级、3级的永久性水工建筑物，如坝高超过下表指标，其级别可提高一级，但洪水标准可不提高。

级　别	坝　型	坝高（m）
2	土石坝	90
	混凝土坝、浆砌石坝	130
3	土石坝	70
	混凝土坝、浆砌石坝	100

水库工程中最大高度超过 200m 的大坝建筑物，其级别应为 1 级，其设计标准应专门研究论证，并报上级主管部门审查批准。

★高频考点：堤防工程的级别

防洪标准［重现期（年）］	≥ 100	< 100，且≥ 50	< 50，且≥ 30	< 30，且≥ 20	< 20，且≥ 10
堤防工程的级别	1	2	3	4	5

★高频考点：临时性水工建筑物级别

级别	保护对象	失事后果	使用年限（年）	临时性水工建筑物规模	
				高度（m）	库容（10^8m^3）
3	有特殊要求的 1 级永久性水工建筑物	淹没重要城镇、工矿企业、交通干线或推迟总工期及第一台（批）机组发电，推迟工程发挥效益，造成重大灾害和损失	> 3	> 50	> 1.0
4	1、2 级永久性水工建筑物	淹没一般城镇、工矿企业、交通干线或影响总工期及第一台（批）机组发电，推迟工程发挥效益，造成较大经济损失	3 ~ 1.5	50 ~ 15	1.0 ~ 0.1
5	3、4 级永久性水工建筑物	淹没基坑，但对总工期及第一台（批）机组发电影响不大，对工程发挥效益影响不大，经济损失较小	< 1.5	< 15	< 0.1

★高频考点：水库大坝施工期洪水标准

坝型	拦洪库容（10^8m^3）			
	≥10	<10，≥1.0	<1.0，≥0.1	<0.1
土石坝［重现期（年）］	≥200	200～100	100～50	50～20
混凝土坝、浆砌石坝［重现期（年）］	≥100	100～50	50～20	20～10

★高频考点：临时性水工建筑洪水标准

临时建筑物类型	临时性水工建筑物级别		
	3	4	5
土石结构［重现期（年）］	50～20	20～10	10～5
混凝土、浆砌石结构［重现期（年）］	20～10	10～5	5～3

★高频考点：水利水电工程抗震设防标准

工程抗震设防类别	建筑物级别	场地地震基本烈度
甲	1（壅水和重要泄水）	≥Ⅵ
乙	1（非壅水），2（壅水）	
丙	2（非壅水），3	≥Ⅶ
丁	4，5	

★高频考点：水库特征水位及特征库容

序号	项目		内容
1	特征水位	校核洪水位	水库遇大坝的校核洪水时，在坝前达到的最高水位
		设计洪水位	水库遇大坝的设计洪水时，在坝前达到的最高水位

序号	项目		内　　容
1	特征水位	防洪高水位	水库遇下游保护对象的设计洪水时，在坝前达到的最高水位
		防洪限制水位	也称为汛前限制水位。指水库在汛期允许兴利的上限水位，也是水库汛期防洪运用时的起调水位
		正常蓄水位	也称为正常高水位、设计蓄水位、兴利水位。指水库在正常运用的情况下，为满足设计的兴利要求在供水期开始时应蓄到的最高水位
		死水位	也称为设计低水位。指水库在正常运用的情况下，允许消落到的最低水位
2	特征库容	静库容	坝前某一特征水位水平面以下的水库容积
		总库容	最高洪水位以下的水库静库容
		防洪库容	防洪高水位至防洪限制水位之间的水库容积
		调洪库容	校核洪水位至防洪限制水位之间的水库容积
		兴利库容	又称为有效库容、调节库容。指正常蓄水位至死水位之间的水库容积
		重叠库容	又称为共用库容、结合库容。指防洪库容与兴利库容重叠部分的库容，是正常蓄水位至防洪限制水位之间汛期用于蓄洪、非汛期用于兴利的水库容积
		死库容	又称为垫底库容。指死水位以下的水库容积

A2　水利水电工程建筑材料的应用

★高频考点：建筑材料的类型

序号	分类标准	类　　型		内　　容
1	按其物理化学性质分类	无机材料	无机非金属材料	又常称为矿物质材料，包括无机胶凝材料、天然石料、烧土与熔融制品。无机胶凝材料按硬化条件不同，分为气硬性和水硬性两类
			金属材料	包括黑色金属材料和有色金属材料

序号	分类标准	类　型	内　容
1	按其物理化学性质分类	复合材料	按其组成分为金属与金属复合材料、非金属与金属复合材料、非金属与非金属复合材料、非金属与有机材料复合材料、金属与有机材料复合材料。 按其结构特点分为纤维复合材料、夹层复合材料、细粒复合材料、混杂复合材料
2	按其材料来源分类	天然建筑材料	土料、砂石料、石棉、木材等及其简单采制加工的成品
		人工材料	石灰、水泥、沥青、金属材料、土工合成材料、高分子聚合物等
3	按材料功能用途分类	结构材料	混凝土、型钢、木材等
		防水材料	防水砂浆、防水混凝土、镀锌薄钢板、紫铜止水片、膨胀水泥防水混凝土、遇水膨胀橡胶嵌缝条等
		胶凝材料	石膏、石灰、水玻璃、水泥、混凝土等
		装饰材料	天然石材、建筑陶瓷制品、装饰玻璃制品、装饰砂浆、装饰水泥、塑料制品等
		防护材料	钢材覆面、码头护木等
		隔热保温材料	石棉纸、石棉板、矿渣棉、泡沫混凝土、泡沫玻璃、纤维板等

★高频考点：建筑石材

序号	项目		内　容
1	火成岩	花岗岩	具有较高的抗冻性，凿平、磨光性也较好
		闪长岩	吸水低，韧性高，抗风化能力强，是良好的水工建筑材料
		辉长岩	具有很高强度及抗风化性，是良好的水工建筑石料

序号	项目		内　　容
1	火成岩	辉绿岩	硬度中等，磨光性较好，多用于桥墩、基础、路面及石灰、粉刷材料、原料等
		玄武岩	强度、耐久性高，脆性大不易成大块，主要用作筑路材料、堤岸的护坡材料等
2	水成岩	石灰岩	致密的石灰岩加工成板状，可用来砌墙、堤坝护坡，碎石可用来作混凝土集料等
		砂岩	多用于基础、衬面和人行道等，但黏土砂岩遇水软化，不能用于水中建筑物
3	变质岩	片麻岩	用途与花岗岩基本相同，但因呈片状而受到限制，可做成板材，用于渠道和堤岸衬砌等
		大理岩	用于地面、墙面、柱面、栏杆及电气绝缘板等
		石英岩	均匀致密，耐久性很高，硬度大，开采加工很困难

★高频考点：水泥的主要性能、适用范围及检验要求

序号	项目	内　　容
1	主要性能	通用硅酸盐水泥初凝时间不得早于45min，终凝时间不得迟于600min
2	适用范围	（1）水位变化区域的外部混凝土、溢流面受水流冲刷部位的混凝土，应优先选用硅酸盐水泥、普通硅酸盐水泥、硅酸盐大坝水泥，避免采用火山灰质硅酸盐水泥。 （2）有抗冻要求的混凝土，应优先选用硅酸盐水泥、普通硅酸盐水泥、硅酸盐大坝水泥，并掺用引气剂或塑化剂，以提高混凝土的抗冻性。当环境水兼硫酸盐侵蚀时，应优先选用抗硫酸盐硅酸盐水泥。 （3）大体积建筑物内部的混凝土，应优先选用矿渣硅酸盐大坝水泥、矿渣硅酸盐水泥、粉煤灰硅酸盐水泥、火山灰质硅酸盐水泥等，以适应低热性的要求。 （4）位于水中和地下部位的混凝土，宜采用矿渣硅酸盐水泥、粉煤灰硅酸盐水泥、火山灰质硅酸盐水泥等

序号	项目	内　　容
3	检验要求	水泥应有生产厂家的出厂质量证明书（包括厂名、品种、强度等级、出厂日期、抗压强度、安定性等代表该产品质量的内容）以及28d强度证明书。 有下列情况之一者，应复试并按复试结果使用：用于承重结构工程的水泥，无出厂证明者；存储超过3个月（快硬水泥超过1个月）；对水泥的厂名、品种、强度等级、出厂日期、抗压强度、安定性不明或对质量有怀疑者；进口水泥

★高频考点：水泥砂浆的和易性

序号	项目	内　　容
1	流动性	常用沉入度表示
2	保水性	保水性即保有水分的能力。保水性可用泌水率表示，即砂浆中泌出水分的质量占拌合水总量的百分率。但工程上采用较多的是分层度这一指标。所谓分层度通常用上下层砂浆沉入度的差值来表示

★高频考点：水泥混凝土的技术指标

序号	项目	内　　容
1	和易性	水泥混凝土拌合物的和易性包括流动性、黏聚性、保水性三个方面
2	强度	（1）混凝土抗压强度是把混凝土拌合物做成边长为15cm的标准立方体试件，在标准养护条件（温度20℃ ±2℃，相对湿度95%以上）下，养护到28d龄期，按照标准的测定方法测定的混凝土立方体试件抗压强度（以MPa计）。根据抗压强度的大小将混凝土分为不同的强度等级如C10、C15、C20、C25、C30、C40等。 （2）混凝土的抗拉强度，一般约为相应抗压强度的10%左右。抗拉强度的测定方法有劈裂抗拉试验法及轴心抗拉试验法两种
3	耐久性	（1）抗渗性是指混凝土抵抗压力水渗透作用的能力。抗渗等级分为：W2、W4、W6、W8、W10、W12等，即表示混凝土能抵抗0.2MPa、0.4MPa、0.6MPa、0.8MPa、1.0MPa、1.2MPa的水压力而不渗水。

序号	项目	内　　容
3	耐久性	（2）抗冻性是指混凝土在饱和状态下，经多次冻融循环作用而不严重降低强度（抗压强度下降不超过25%，重量损失不超过5%）的性能。抗冻等级分为：F50、F100、F150、F200、F250及F300等。 （3）抗冲磨性是指混凝土抵抗高速含砂水流冲刷破坏的能力。 （4）抗侵蚀性是指混凝土抵抗环境水侵蚀的能力。 （5）抗碳化性是指混凝土抵抗环境大气中二氧化碳的碳化能力
4	混凝土的配合比	混凝土的配合比是指混凝土中水泥、水、砂及石子材料用量之间的比例关系。常采用的方法有： （1）单位用量表示法：以每立方米混凝土中各项材料的重量来表示。 （2）相对用量表示法：以各项材料间的重量比来表示。 混凝土配合比的设计，实质上就是确定四种材料用量之间的三个对比关系：水胶比、砂率、浆骨比。水胶比表示水泥与水用量之间的对比关系；砂率表示砂与石子用量之间的对比关系；浆骨比是用单位体积混凝土用水量表示，是表示水泥浆与集料用量之间的对比关系
5	集料	（1）混凝土的细集料：粒径在0.16～5mm之间的集料。按形成条件分为天然砂、人工砂；按细度模数$F \cdot M$分为粗砂（$F \cdot M = 3.7 \sim 3.1$）、中砂（$F \cdot M = 3.0 \sim 2.3$）、细砂（$F \cdot M = 2.2 \sim 1.6$）、特细砂（$F \cdot M = 1.5 \sim 0.7$）。 （2）混凝土的粗集料：粒径大于5mm的集料。普通混凝土常用卵石和碎石作粗集料。水工混凝土所用的粗集料一般分为特大石（80～150mm或80～120mm）、大石（40～80mm）、中石（20～40mm）、小石（5～20mm）四级。 粗集料的最大粒径：不应超过钢筋净间距的2/3、构件断面最小边长的1/4、素混凝土板厚的1/2
6	混凝土的外加剂	（1）改善混凝土和易性的外加剂，包括减水剂、引气剂、泵送剂等。 （2）调节混凝土凝结时间、硬化性能的外加剂，包括速凝剂、早强剂、缓凝剂。 （3）改善混凝土耐久性的外加剂，包括引气剂、防水剂、阻锈剂、养护剂等。 （4）改善混凝土其他性能的外加剂，包括膨胀剂、防冻剂、防水剂和泵送剂等

★高频考点：工程中常用钢筋的力学性能

序号	力学性能	内　　容
1	钢筋的应力—应变曲线	（1）有物理屈服点钢筋的典型应力—应变曲线如下图所示。 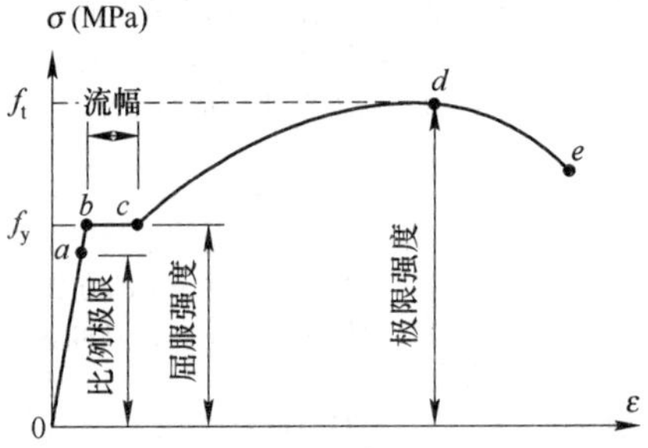 （2）无物理屈服点钢筋的应力—应变曲线如下图所示 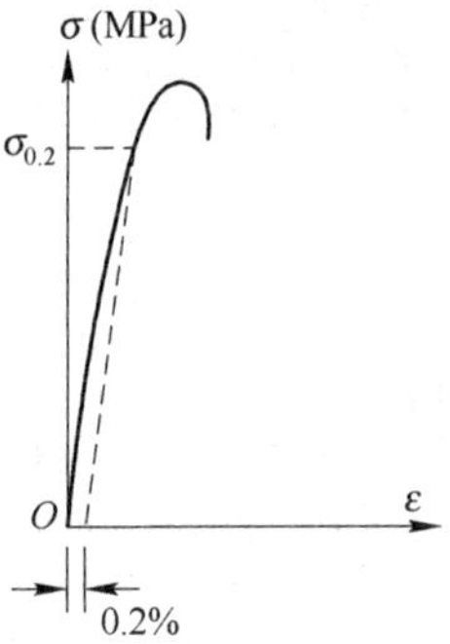
2	钢筋的强度和变形指标	有物理屈服点的钢筋的屈服强度是钢筋强度的设计依据。 反映钢筋塑性性能的基本指标是伸长率和冷弯性能。钢筋的冷弯性能是钢筋在常温下承受弯曲变形的能力。在达到规定的冷弯角度时钢筋应不出现裂纹或断裂。 屈服强度、极限强度、伸长率和冷弯性能是有物理屈服点钢筋进行质量检验的四项主要指标，而对无物理屈服点的钢筋则只测定后三项

A3 施工导流方式

★高频考点：分期围堰法导流

<table>
<tr><th>序号</th><th>项目</th><th colspan="2">内容</th></tr>
<tr><td>1</td><td>概念</td><td colspan="2">分期围堰法导流又称为分段围堰法，即用围堰将要施工的永久建筑物分段分期维护起来，便于干地施工。所谓分段，就是在空间上用围堰将永久建筑物分为若干段进行施工。所谓分期，就是在时间上将导流分为若干时段</td></tr>
<tr><td>2</td><td>适用情况</td><td colspan="2">一般适用于下列情况：①导流流量大，河床宽，有条件布置纵向围堰；②河床中永久建筑物便于布置导流泄水建筑物；③河床覆盖层不厚；④有通航要求或冰凌严重的河道</td></tr>
<tr><td rowspan="2">3</td><td rowspan="2">导流方式</td><td>束窄河床导流</td><td>通常用于分期导流的前期阶段，特别是一期导流</td></tr>
<tr><td>通过建筑物导流</td><td>通过建筑物导流的主要方式，包括设置在混凝土坝体中的底孔导流，混凝土坝体上预留缺口导流、梳齿孔导流，平原河道上的低水头河床式径流电站可采用厂房导流。这种导流方式多用于分期导流的后期阶段</td></tr>
</table>

★高频考点：辅助导流方式

序号	导流方式	内容
1	明渠导流	一般适用于岸坡平缓或有一岸具有较宽的台地、垭口或古河道的地形
2	隧洞导流	适用于河谷狭窄、两岸地形陡峻、山岩坚实的山区河流
3	涵管导流	适用于导流流量较小的河流或只用来担负枯水期的导流。一般在修筑土坝、堆石坝等工程中采用

A4 灌浆施工技术

★高频考点：灌浆分类

序号	分类	内容
1	按灌浆材料分类	按浆液材料主要分为水泥灌浆、黏土灌浆和化学灌浆等

序号	分类		内容
2	按灌浆目的分类	帷幕灌浆	用浆液灌入岩体或土层的裂隙、孔隙，形成防水幕，以减小渗流量或降低扬压力的灌浆
		固结灌浆	浆液灌入岩体裂隙或破碎带，以提高岩体的整体性和抗变形能力的灌浆
		接触灌浆	通过浆液灌入混凝土与基岩或混凝土与钢板之间的缝隙，以增加接触面结合能力的灌浆
		接缝灌浆	通过埋设管路或其他方式将浆液灌入混凝土坝体的接缝，以改善传力条件增强坝体整体性的灌浆
		回填灌浆	用浆液填充混凝土与围岩或混凝土与钢板之间的空隙和孔洞，以增强围岩或结构的密实性的灌浆
3	按灌浆地层分类		按灌浆地层可分为岩石地基灌浆、砂砾石地层灌浆、土层灌浆等
4	按灌浆压力分类		按灌浆压力可分为常压灌浆和高压灌浆

★高频考点：灌浆方式和灌浆方法

序号	项目		内容
1	方式	纯压式	纯压式灌浆是指浆液注入孔段内和岩体裂隙中，不再返回的灌浆方式。这种方式设备简单，操作方便；但浆液流动速度较慢，容易沉淀，堵塞岩层缝隙和管路，多用于吸浆量大，并有大裂隙存在和孔深不超过 15m 的情况
		循环式	循环式灌浆是指浆液通过射浆管注入孔段底部，部分浆液渗入到岩体裂隙中，部分浆液通过回浆管返回，保持孔段内的浆液呈循环流动状态的灌浆方式。这种方式一方面使浆液保持流动状态，可防止水泥沉淀，灌浆效果好；另一方面可以根据进浆和回浆液比重的差值，判断岩层吸收水泥的情况

<table>
<tr><th>序号</th><th colspan="2">项目</th><th colspan="2">内　容</th></tr>
<tr><td rowspan="5">2</td><td rowspan="5">方法</td><td>全孔一次灌浆</td><td>全孔一次灌浆是将孔一次钻完，全孔段一次灌浆。这种方法施工简便，多用于孔深不深，地质条件比较良好，基岩比较完整的情况</td><td rowspan="5">混凝土防渗墙下基岩帷幕灌浆宜采用自上而下灌浆法或自下而上分段灌浆法，不宜直接利用墙体内预埋灌浆管作为孔口管进行孔口封闭法灌浆</td></tr>
<tr><td>自下而上分段灌浆</td><td>自下而上分段灌浆法是将灌浆孔一次钻进到底，然后从钻孔的底部往上，逐段安装灌浆塞进行灌浆，直至孔口的灌浆方法</td></tr>
<tr><td>自上而下分段灌浆法</td><td>自上而下分段灌浆法是从上向下逐段进行钻孔，逐段安装灌浆塞进行灌浆，直至孔底的灌浆方法</td></tr>
<tr><td>综合灌浆法</td><td>综合灌浆法是在钻孔的某些段采用自上而下分段灌浆，另一些段采用自下而上分段灌浆的方法</td></tr>
<tr><td>孔口封闭灌浆法</td><td>孔口封闭灌浆法是在钻孔的孔口安装孔口管，自上而下分段钻孔和灌浆，各段灌浆时都在孔口安装孔口封闭器进行灌浆的方法</td></tr>
</table>

★高频考点：帷幕灌浆施工工艺

序号	施工工艺	要　求
1	钻孔	采用自上而下灌浆法、孔口封闭灌浆法时，宜采用回转式钻机和金刚石或硬质合金钻头钻进。 采用自下而上灌浆法时，可采用回转式钻机或冲击回转式钻机钻进
2	裂隙冲洗和压水试验	采用自上而下分段灌浆法和孔口封闭法进行帷幕灌浆时，各灌浆段在灌浆前应进行裂隙冲洗。 帷幕灌浆先导孔、质量检查孔应自上而下分段进行压水试验，压水试验宜采用单点法。 采用自上而下分段灌浆法、孔口封闭法进行帷幕灌浆时，各灌浆段在灌浆前宜进行简易压水试验；采用自下而上分段灌浆法时，灌浆前可进行全孔一段简易压水试验和孔底段简易压水试验

序号	施工工艺	要　求
3	灌浆方式和灌浆方法	帷幕灌浆必须按分序加密的原则进行。由三排孔组成的帷幕，应先灌注下游排孔，再灌注上游排孔，后灌注中间排孔，每排孔可分为二序。由两排孔组成的帷幕应先灌注下游排孔，后灌注上游排孔，每排孔可分为二序或三序；单排孔帷幕应分为三序灌浆，如下图所示 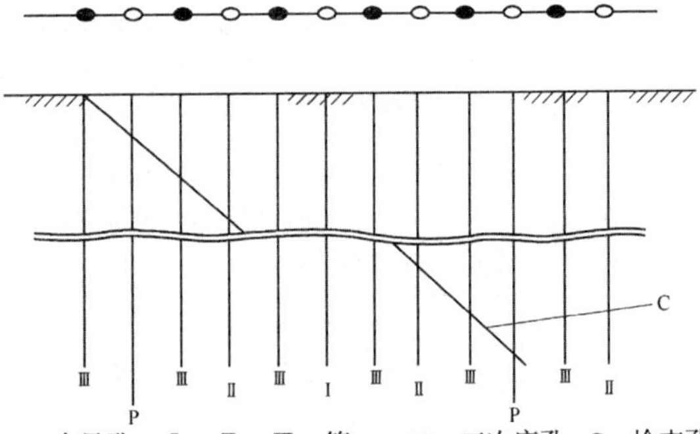 P—先导孔；Ⅰ、Ⅱ、Ⅲ—第一、二、三次序孔；C—检查孔
4	浆液变换	（1）当灌浆压力保持不变，注入率持续减少时，或当注入率不变而压力持续升高时，不应改变水胶比。 （2）当某级浆液的注入量已达 300L 以上，或灌注时间已达 30min，而灌浆压力和注入率均无改变或改变不显著时，应改浓一级水胶比。 （3）当注入率大于 30L/min 时，可根据具体情况越级变浓
5	灌浆结束标准	（1）当灌浆段在最大设计压力下，注入率不大于 1L/min 时，继续灌注 30min，可结束灌浆。 （2）当地质条件复杂、地下水流速大、注入量较大、灌浆压力较低时，持续灌注的时间应适当延长
6	封孔方法	全孔灌浆结束后，应以水胶比为 0.5 的新鲜普通水泥浆液置换孔内稀浆或积水，采用全孔灌浆封孔法封孔

★高频考点：高压喷射灌浆

序号	项目	内　容
1	适用范围	高压喷射灌浆防渗和加固技术适用于淤泥质土、粉质黏土、粉土、砂土、砾石、卵（碎）石等松散透水地基或填筑体内的防渗工程

序号	项目		内　　容
2	灌浆基本方法	单管法	这种方法形成凝结体的范围（桩径或延伸长度）较小，一般桩径为 0.5 ～ 0.9m，板状凝结体的延伸长度可达 1 ～ 2m。其加固质量好，施工速度快，成本低
		二管法	用高压泥浆泵等高压发生装置产生 20 ～ 25MPa 或更高压力的浆液，用压缩空气机产生 0.7 ～ 0.8MPa 压力的压缩空气。浆液和压缩空气通过具有两个通道的喷射管，在喷射管底部侧面的同轴双重喷嘴中同时喷射出高压浆液和空气两种射流，冲击破坏土体，其直径达 0.8 ～ 1.5m
		三管法	使用能输送水、气、浆的三个通道的喷射管，从内喷嘴中喷射出压力为 30 ～ 50MPa 的超高压水流，水流周围环绕着从外喷嘴中喷射出一般压力为 0.7 ～ 0.8MPa 的圆状气流，同轴喷射的水流与气流冲击破坏土体
		新三管法	是先用高压水和气冲击切割地层土体，然后再用高压浆和气对地层土体进行切割和喷入
3	喷射形式		高压喷射灌浆的喷射形式有旋喷、摆喷、定喷三种。 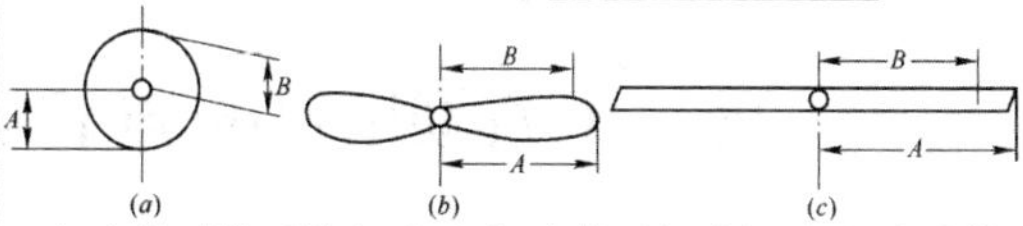 (*a*)旋喷体（桩）;(*b*)摆喷体（板墙）;(*c*)定喷体（薄板墙）
4	施工程序		施工程序为钻孔、地面试喷、下喷射管、喷射提升、成桩成板或成墙等

A5　石方开挖技术

★高频考点：爆破方法

序号	方法	内　　容
1	浅孔爆破法	孔径小于 75mm、深度小于 5m 的钻孔爆破称为浅孔爆破。 浅孔爆破法能均匀破碎介质，不需要复杂的钻孔设备，操作简单，可适应各种地形条件，而且便于控制开挖面的形状和规格。该方法钻孔工作量大，每个炮孔爆破的方量不大，生产效率较低

序号	方法	内　　容
2	深孔爆破法	孔径大于75mm、孔深大于5m的钻孔爆破称为深孔爆破。爆后有一定数量的大块石产生，往往需要二次爆破。深孔爆破法一般适用于Ⅶ～ⅩⅣ级岩石。 深孔爆破法是大型基坑开挖和大型采石场开采的主要方法
3	洞室爆破法	洞室爆破是指在专门设计开挖的洞室内装药爆破的一种方法
4	预裂爆破法	预裂爆破是沿设计开挖轮廓钻一排预裂炮孔，在主体开挖部位未爆之前先行爆破，从而获得一条沿设计开挖轮廓线贯穿的裂缝，再在该裂缝的屏蔽下进行主体开挖部位的爆破，防止或减弱爆破震动向开挖轮廓以外岩体的传播
5	光面爆破法	光面爆破是爆破设计开挖轮廓线上的光面爆破炮孔，将作为围岩保护层的“光爆层”爆除，从而获得一个平整的开挖壁面的一种控制爆破方式

A6　土石坝填筑的施工碾压试验

★高频考点：压实机械

序号	压实机械类型	内　　容
1	静压碾压	静压碾压设备有羊足碾（在压实过程中，对表层土有翻松作用，无需刨毛就可以保证土料良好的层间结合）、气胎碾。 静压碾压的作用力是静压力，其大小不随作用时间而变化
2	振动碾压	振动碾压与静压碾压相比，具有重量轻，体积小，碾压遍数少，深度大，效率高的优点。 振动的作用力为周期性的重复动力，其大小随时间呈周期性变化，振动周期的长短，随振动频率的大小而变化
3	夯击	夯击设备有夯板、强夯机。 夯击的作用力为瞬时动力，有瞬时脉冲作用，其大小随时间和落高而变化

★高频考点：土料填筑标准

序号	项目	内　　容
1	黏性土的填筑标准	含砾和不含砾的黏性土的填筑标准应以压实度和最优含水率作为设计控制指标。设计最大干密度应以击实最大干密度乘以压实度求得。 1级、2级坝和高坝的压实度应为98%～100%，3级中低坝及3级以下的中坝压实度应为96%～98%。设计地震烈度为8度、9度的地区，宜取上述规定的大值
2	非黏性土的填筑标准	砂砾石和砂的填筑标准应以相对密度为设计控制指标。砂砾石的相对密度不应低于0.75，砂的相对密度不应低于0.7，反滤料宜为0.7

★高频考点：压实参数的确定

序号	项目	内　　容
1	压实参数	土料填筑压实参数主要包括碾压机具的重量、含水量、碾压遍数及铺土厚度等，对于振动碾还应包括振动频率及行走速率等
2	黏性土料的试验	黏性土料压实含水量可取 $\omega_1=\omega_p+2\%$；$\omega_2=\omega_p$；$\omega_3=\omega_p-2\%$ 三种进行试验。ω_p 为土料塑限
3	非黏性土料的试验	对非黏性土料的试验，只需作铺土厚度、压实遍数和干密度 ρ_d 的关系曲线，据此便可得到与不同铺土厚度对应的压实遍数。最后再分别计算单位压实遍数的压实厚度、以单位压实遍数的压实厚度最大者为最经济、合理

A7　面板堆石坝结构布置

★高频考点：堆石坝坝体分区

序号	坝体分区	作　　用
1	垫层区	主要作用是为面板提供平整、密实的基础，将面板承受的水压力均匀传递给主堆石体，并起辅助渗流控制作用

序号	坝体分区	作用
2	过渡区	位于垫层区和主堆石区之间，主要作用是保护垫层区在高水头作用下不产生破坏
3	主堆石区	位于坝体上游区内，是承受水荷载的主要支撑体，其石质好坏、密度、沉降量大小，直接影响面板的安危
4	下游堆石区	位于坝体下游区，主要作用是保护主堆石体及下游边坡的稳定

A8　混凝土拌合设备及其生产能力的确定

★高频考点：拌合设备

序号	拌合设备		内容
1	拌合机	形式	拌合机是制备混凝土的主要设备，拌合机按搅拌方式分为强制式、自落式和涡流式三种
		指标	拌合机的主要性能指标是其工作容量，以 L 或 m^3 计
		工作	拌合机按照装料、拌合、卸料三个过程循环工作
2	拌合站		对台阶地形，拌合机数量不多，可一字形排列；对沟槽路堑地形，拌合机数量多，可采用双排相向布置。拌合站的配料可由人工，也可由机械完成，供料配料设施的布置应考虑进出料方向、堆料场地、运输线路布置
3	拌合楼		拌合楼是集中布置的混凝土工厂，常按工艺流程分层布置，分为进料、贮料、配料、拌合及出料共五层，其中配料层是全楼的控制中心，设有主操纵台

★高频考点：拌合设备生产能力的确定方法

混凝土拌合系统的基本生产能力，一般情况下是用满足浇筑强度而选择配置混凝土拌合设备的总生产能力来表示，生产规模的大小按有关规定划分，见下表。

规模定型	小时生产能力（m^3/h）	月生产能力（万 m^3/ 月）
大型	＞ 200	＞ 6
中型	50 ～ 200	1.5 ～ 6
小型	＜ 50	＜ 1.5

★高频考点：拌合设备生产能力的计算

序号	项目	计算公式
1	小时生产能力	$Q_h = K_hQ_m/(m \cdot n)$ 式中 Q_h——小时生产能力（m^3/h）； K_h——小时不均匀系数，可取 1.3 ～ 1.5； Q_m——混凝土高峰浇筑强度（m^3/ 月）； m——每月工作天数（d），一般取 25d； n——每天工作小时数（h），一般取 20h
2	初凝条件校核小时生产能力（平浇法施工）	$Q_h \geqslant 1.1SD/(t_1 - t_2)$ 式中 S——最大混凝土块的建筑面积（m^2）； D——最大混凝土块的浇筑分层厚度（m）； t_1——混凝土的初凝时间（h）； t_2——混凝土出机后到浇筑入仓所经历的时间（h）

A9　钢筋的加工安装技术要求

★高频考点：钢筋加工

序号	项目	内　　容
1	钢筋下料长度	直钢筋下料长度＝构件长度－保护层厚度＋弯钩增加长度 弯起钢筋下料长度＝直段长度＋斜段长度－弯曲调整值＋弯钩增加长度 箍筋下料长度＝箍筋周长＋箍筋调整值 上述钢筋若需要连接，还应加钢筋连接长度

序号	项目	内　　容
2	钢筋代换	（1）以另一种钢号或直径的钢筋代替设计文件中规定的钢筋时，应遵守以下规定： ① 应按钢筋承载力设计值相等的原则进行，钢筋代换后应满足规定的钢筋间距、锚固长度、最小钢筋直径等构造要求。 ② 以高一级钢筋代换低一级钢筋时，宜采用改变钢筋直径的方法而不宜采用改变钢筋根数的方法来减少钢筋截面积。 （2）用同钢号某直径钢筋代替另一种直径的钢筋时，其直径变化范围不宜超过 4mm，代换后钢筋总截面面积与设计文件规定的截面面积之比不得小于 98% 或大于 103%。 （3）设计主筋采取同钢号的钢筋代换时，应保持间距不变，可以用直径比设计钢筋直径大一级和小一级的两种型号钢筋间隔配置代换，满足钢筋最小间距要求
3	钢筋加工	钢筋加工一般要经过四道工序：清污除锈、调直、下料剪切、接头加工及弯折。当钢筋接头采用直螺纹或锥螺纹连接时，还要增加钢筋端头镦粗和螺纹加工工序。 钢筋的调直和清除污锈应符合下列要求： （1）钢筋的表面应洁净，使用前应将表面油渍、漆污、锈皮、鳞锈等清除干净。 （2）钢筋应平直，无局部弯折，钢筋中心线同直线的偏差不应超过其全长的 1%。成盘的钢筋或弯曲的钢筋均应调直后，才允许使用。 （3）钢筋在调直机上调直后，其表面伤痕不得使钢筋截面面积减少 5% 以上。 （4）如用冷拉方法调直钢筋，则其调直冷拉率不得大于 1%

★高频考点：钢筋连接

序号	项目	内　　容
1	钢筋的接头方式	钢筋机械连接接头类型包括：套筒挤压连接、锥螺纹连接和直螺纹连接。 钢筋绑扎连接应符合以下要求： （1）受拉钢筋小于或等于 22mm，受压钢筋直径小于或等于 32mm，其他钢筋直径小于等于 25mm，可采用绑扎连接。 （2）受拉区域内的光圆钢筋绑扎接头的末端应做弯钩，螺纹钢筋的绑扎接头末端不做弯钩。

序号	项目	内　容
1	钢筋的接头方式	（3）轴心受拉、小偏心受拉及直接承受动力荷载的构件纵向受力钢筋不得采用绑扎连接。 （4）钢筋搭接处，应在中心和两端用绑丝扎牢、绑扎不少于3道。 （5）钢筋采用绑扎搭接接头时，纵向受拉钢筋的接头搭接长度按受拉钢筋最小锚固长度值控制
2	钢筋接头的一般要求	钢筋接头应分散布置，并应遵守下列规定： （1）配置在同一截面内的下述受力钢筋，其接头的截面面积占受力钢筋总截面面积的百分率应满足下列要求： ① 闪光对焊、熔槽焊、接触电渣焊、窄间隙焊，气压焊接头在受弯构件的受拉区，不超过50%，受压区不受限制。 ② 绑扎接头，在构件的受拉区不超过25%；在受压区不超过50%。 ③ 机械连接接头，其接头分布应按设计文件规定执行，没有要求时，在受拉区不宜超过50%；在受压区和装配式构件中钢筋受力较小部位，1级接头不受限制。 （2）若两根相邻的钢筋接头中距小于500mm，或两绑扎接头的中距在绑扎搭接长度以内，均作为同一截面处理。 （3）施工中分辨不清受拉区或受压区时，其接头的分布按受拉区处理。 （4）焊接与绑扎接头距钢筋弯起点不小于10d，也不应位于最大弯矩处

A10　水利水电工程施工厂区安全要求

★高频考点：消防安全要求

序号	项目	要　求
1	消防通道	根据施工生产防火安全的需要，合理布置消防通道和各种防火标志，消防通道应保持通畅，宽度不得小于3.5m
2	施工生产作业区与建筑物之间的防火安全距离	（1）用火作业区距所建的建筑物和其他区域不得小于25m。 （2）仓库区、易燃、可燃材料堆集场距所建的建筑物和其他区域不小于20m。 （3）易燃品集中站距所建的建筑物和其他区域不小于30m

序号	项目	要　　求
3	加油站、油库	加油站、油库，应遵守下列规定： （1）独立建筑，与其他设施、建筑之间的防火安全距离应不小于50m。 （2）周围应设有高度不低于2.0m的围墙、栅栏。 （3）库区内道路应为环形车道，路宽应不小于3.5m，并设有专门消防通道，保持畅通。 （4）罐体应装有呼吸阀、阻火器等防火安全装置。 （5）应安装覆盖库（站）区的避雷装置，且应定期检测，其接地电阻不大于10Ω。 （6）罐体、管道应设防静电接地装置，接地网、线用40mm×4mm扁钢或ϕ10圆钢埋设，且应定期检测，其接地电阻不大于30Ω。 （7）主要位置应设置醒目的禁火警示标志及安全防火规定标识。 （8）应配备相应数量的泡沫、干粉灭火器和砂土等灭火器材。 （9）应使用防爆型动力和照明电气设备。 （10）库区内严禁一切火源、吸烟及使用手机。 （11）工作人员应熟悉使用灭火器材和消防常识。 （12）运输使用的油罐车应密封，并有防静电设施
4	木材加工厂（场、车间）	木材加工厂（场、车间），应遵守下列规定： （1）独立建筑，与周围其他设施、建筑之间的安全防火距离不小于20m。 （2）安全消防通道保持畅通。 （3）原材料、半成品、成品堆放整齐有序，并留有足够的通道，保持畅通。 （4）木屑、刨花、边角料等弃物及时清除，严禁置留在场内，保持场内整洁。 （5）设有10m^3以上的消防水池、消火栓及相应数量的灭火器材。 （6）作业场所内禁止使用明火和吸烟。 （7）明显位置设置醒目的禁火警示标志及安全防火规定标识

★高频考点：施工用电安全基本规定

（1）施工单位应编制施工用电方案及安全技术措施。

（2）从事电气作业的人员，应持证上岗；非电工及无证人员禁止从事电气作业。

（3）从事电气安装、维修作业的人员应掌握安全用电基本知识和所用设备的性能，按规定穿戴和配备好相应的劳动防护用品，定期进行体检。

（4）在建工程（含脚手架）的外侧边缘与外电架空线路的边线之间应保持安全操作距离。最小安全操作距离应不小于下表的规定。

外电线路电压（kV）	＜1	1～10	35～110	154～220	330～500
最小安全操作距离（m）	4	6	8	10	15

注：上、下脚手架的斜道严禁搭设在有外电线路的一侧。

（5）施工现场的机动车道与外电架空线路交叉时，架空线路的最低点与路面的垂直距离应不小于下表的规定。

外电线路电压（kV）	＜1	1～10	35
最小垂直距离（m）	6	7	7

（6）机械如在高压线下进行工作或通过时，其最高点与高压线之间的最小垂直距离不得小于下表的规定。

线路电压（kV）	＜1	1～20	35～110	154	220	330
机械最高点与线路间的垂直距离（m）	1.5	2	4	5	6	7

（7）旋转臂架式起重机的任何部位或被吊物边缘与10kV以下的架空线路边线最小水平距离不得小于2m。

（8）施工现场开挖非热管道沟槽的边缘与埋地外电缆沟槽边缘之间的距离不得小于0.5m。

（9）对达不到规定的最小距离的部位，应采取停电作业或增设屏障、遮栏、围栏、保护网等安全防护措施，并悬挂醒目的警示标志牌。

（10）用电场所电气灭火应选择适用于电气的灭火器材，不得使用泡沫灭火器。

★高频考点：现场临时变压器安装

施工用的10kV及以下变压器装于地面时，应有0.5m的高台，高台的周围应装设栅栏，其高度不低于1.7m，栅栏与变压器外廓的距离不得小于1m，杆上变压器安装的高度应不低于2.5m，并挂“止步、高压危险”的警示标志。变压器的引线应采用绝缘导线。

★高频考点：施工照明安全要求

序号	项目	内　　容
1	照明器具选择	（1）正常湿度时，选用开启式照明器。 （2）潮湿或特别潮湿的场所，应选用密闭型防水防尘照明器或配有防水灯头的开启式照明器。 （3）含有大量尘埃但无爆炸和火灾危险的场所，应采用防尘型照明器。 （4）对有爆炸和火灾危险的场所，应按危险场所等级选择相应的防爆型照明器。 （5）在振动较大的场所，应选用防振型照明器。 （6）对有酸碱等强腐蚀的场所，应采用耐酸碱型照明器。 （7）照明器具和器材的质量均应符合有关标准、规范的规定，不得使用绝缘老化或破损的器具和器材
2	特殊场所应使用安全电压照明器	一般场所宜选用额定电压为220V的照明器，对下列特殊场所应使用安全电压照明器： （1）地下工程，有高温、导电灰尘，且灯具离地面高度低于2.5m等场所的照明，电源电压应不大于36V。 （2）在潮湿和易触及带电体场所的照明电源电压不得大于24V。 （3）在特别潮湿的场所、导电良好的地面、锅炉或金属容器内工作的照明电源电压不得不大于12V
3	行灯使用	（1）电源电压不超过36V。 （2）灯体与手柄连接坚固、绝缘良好并耐热耐潮湿。 （3）灯头与灯体结合牢固，灯头无开关。 （4）灯泡外部有金属保护网。 （5）金属网、反光罩、悬吊挂钩固定在灯具的绝缘部位上

★高频考点：高处作业的标准及安全防护措施

项目		内　　容
高处作业的标准	概念	凡在坠落高度基准面2m和2m以上有可能坠落的高处进行作业，均称为高处作业

项目		内　　容
高处作业的标准	级别	（1）一级高处作业：高度在 2 ～ 5m。 （2）二级高处作业：高度在 5 ～ 15m。 （3）三级高处作业：高度在 15 ～ 30m。 （4）特级高处作业：高度在 30m 以上
	种类	高处作业的种类分为一般高处作业和特殊高处作业两种。其中特殊高处作业又分为以下几个类别：强风高处作业、异温高处作业、雪天高处作业、雨天高处作业、夜间高处作业、带电高处作业、悬空高处作业、抢救高处作业。一般高处作业是指特殊高处作业以外的高处作业
安全防护措施		（1）高处作业下方或附近有煤气、烟尘及其他有害气体，应采取排除或隔离等措施，否则不得施工。 （2）高处作业使用的脚手架平台，应铺设固定脚手板，临空边缘应设高度不低于 1.2m 的防护栏杆。 （3）在坝顶、陡坡、屋顶、悬崖、杆塔、吊桥、脚手架以及其他危险边沿进行悬空高处作业时，临空面应搭设安全网或防护栏杆。 （4）安全网应随着建筑物升高而提高，安全网距离工作面的最大高度不超过 3m。安全网搭设外侧比内侧高 0.5m，长面拉直拴牢在固定的架子或固定环上。 （5）在 2m 以下高度进行工作时，可使用牢固的梯子、高凳或设置临时小平台，禁止站在不牢固的物件（如箱子、铁桶、砖堆等物）上进行工作。 （6）从事高处作业时，作业人员应系安全带。高处作业的下方，应设置警戒线或隔离防护棚等安全措施。 （7）上下脚手架、攀登高层构筑物，应走斜马道或梯子，不得沿绳、立杆或栏杆攀爬。 （8）特殊高处作业，应有专人监护，并有与地面联系信号或可靠的通信装置。 （9）高处作业周围的沟道、孔洞井口等，应用固定盖板盖牢或设围栏。 （10）遇有六级及以上的大风，禁止从事高处作业。 （11）进行三级、特级、悬空高处作业时，应事先制订专项安全技术措施。施工前，应向所有施工人员进行技术交底

★高频考点：施工通风、散烟及除尘

基本形式	内　　容
压入式通风	通过风管将新鲜空气直接送至工作面，冲淡污浊空气，并经过洞身排至洞外。 竖井、斜井和短洞开挖宜采用压入式通风。 优点：工作面集中的施工人员可以较快获得新鲜空气。 缺点：工作面的污浊空气扩散至全部洞身

基本形式	内　容
吸出式通风	通过风管将工作面的污浊空气吸走并排至洞外，新鲜空气由洞身输入工作面。 小断面长洞开挖宜采用吸出式通风。 优点：工作面的污浊空气能较快通过管道吸出，避免污浊空气扩散至全部洞身。 缺点：新鲜空气流到工作面比较慢，且易受到污染
混合式通风	工作面经常性供风采用压入式。 爆破后通风采用吸出式。 大断面长洞开挖宜采用混合式通风

A11　水利水电工程施工操作安全要求

★高频考点：爆破器材的运输

（1）气温低于10℃运输易冻的硝化甘油炸药时，应采取防冻措施；气温低于-15℃运输难冻硝化甘油炸药时，也应采取防冻措施。

（2）禁止用翻斗车、自卸汽车、拖车、机动三轮车、人力三轮车、摩托车和自行车等运输爆破器材。

（3）运输炸药雷管时，装车高度要低于车厢10cm。车厢、船底应加软垫。雷管箱不许倒放或立放，层间也应垫软垫。

（4）水路运输爆破器材，停泊地点距岸上建筑物不得小于250m。

（5）汽车运输爆破器材，汽车的排气管宜设在车前下侧，并应设置防火罩装置；汽车在视线良好的情况下行驶时，时速不得超过20km（工区内不得超过15km）；在弯多坡陡、路面狭窄的山区行驶，时速应保持在5km以内。行车间距：平坦道路应大于50m，上下坡应大于300m。

★高频考点：爆破作业要求

项目		内　容
鸣挖爆破音响信号	预告信号	间断鸣三次长声，即鸣30s、停、鸣30s、停、鸣30s；此时现场停止作业，人员迅速撤离
	准备信号	在预告信号20min后发布，间断鸣一长、一短三次，即鸣20s、鸣10s、停、鸣20s、鸣10s、停、鸣20s、鸣10s

项目		内　容
鸣挖爆破音响信号	起爆信号	准备信号 10min 后发出，连续三短声，即鸣 10s、停、鸣 10s、停、鸣 10s
	解除信号	应根据爆破器材的性质及爆破方式，确定炮响后到检查人员进入现场所需等待的时间。检查人员确认安全后，由爆破作业负责人通知警报房发出解除信号：一次长声，鸣 60s
作业要求	火花起爆	（1）深孔、竖井、倾角大于 30°的斜井、有瓦斯和粉尘爆炸危险等工作面的爆破，禁止采用火花起爆。 （2）炮孔的排距较密时，导火索的外露部分不得超过 1.0m，以防止导火索互相交错而起火。 （3）一人连续单个点火的火炮，暗挖不得超过 5 个，明挖不得超过 10 个，并应在爆破负责人指挥下，做好分工及撤离工作。 （4）当信号炮响后，全部人员应立即撤出炮区，迅速到安全地点掩蔽。 （5）点燃导火索应使用香或专用点火工具，禁止使用火柴、香烟和打火机
	电力起爆	（1）用于同一爆破网路内的电雷管，电阻值应相同。康铜桥丝雷管的电阻极差不得超过 0.25Ω，镍铬桥丝雷管的电阻极差不得超过 0.5Ω。 （2）网路中的支线、区域线和母线彼此连接之前各自的两端应短路、绝缘。 （3）装炮前工作面一切电源应切除，照明至少设于距工作面 30m 以外，只有确认炮区无漏电、感应电后，才可装炮。 （4）雷雨天严禁采用电爆网路。 （5）供给每个电雷管的实际电流应大于准爆电流。 （6）网路中全部导线应绝缘。 （7）测量电阻只许使用经过检查的专用爆破测试仪表或线路电桥。严禁使用其他电气仪表进行量测。 （8）通电后若发生拒爆，应立即切断母线电源，将母线两端拧在一起，锁上电源开关箱进行检查。进行检查的时间：对于即发电雷管，至少在 10min 以后；对于延发电雷管，至少在 15min 以后
	导爆索起爆	（1）导爆索只准用快刀切割，不得用剪刀剪断导火索。 （2）支线要顺主线传爆方向连接，搭接长度不应少于 15cm，支线与主线传爆方向的夹角应不大于 90°。 （3）起爆导爆索的雷管，其聚能穴应朝向导爆索的传爆方向。 （4）导爆索交叉敷设时，应在两根交叉导爆索之间设置厚度不小于 10cm 的木质垫板。 （5）连接导爆索中间不应出现断裂破皮、打结或打圈现象

项目		内容
作业要求	导爆管起爆	（1）用导爆管起爆时，应有设计起爆网路，并进行传爆试验。网路中所使用的连接元件应经过检验合格。 （2）禁止导爆管打结，禁止在药包上缠绕。网路的连接处应牢固，两元件应相距 2m，敷设后应严加保护，防止冲击或损坏。 （3）一个 8 号雷管起爆导爆管的数量不宜超过 40 根，层数不宜超过 3 层。 （4）只有确认网路连接正确，与爆破无关人员已经撤离，才准许接入引爆装置
	地下爆破	地下相向开挖的两端在相距 30m 以内时，装炮前应通知另一端暂停工作，退到安全地点。 当相向开挖的两端相距 15m 时，一端应停止掘进，单头贯通。斜井相向开挖，除遵守上述规定外，并应对距贯通尚有 5m 长地段自上端向下打通
	洞室爆破	（1）参加爆破工程施工的临时作业人员，应经过爆破安全教育培训，经口试或笔试合格后，方准许参加装药填塞作业。 （2）不应在洞室内和现场改装起爆体和起爆器材

★高频考点：堤防工程防汛抢险

序号	项目	内容
1	抢护原则	堤防防汛抢险施工的抢护原则为：前堵后导、强身固脚、减载平压、缓流消浪
2	堤身漏洞险情的抢护	（1）堤身漏洞险情的抢护以“前截后导，临重于背”为原则。在抢护时，应在临水侧截断漏水来源，在背水侧漏洞出水口处采用反滤围井的方法，防止险情扩大。 （2）堤身漏洞险情在临水侧抢护以人力施工为主时，应配备足够的安全设施，确认安全可靠，且有专人指挥和专人监护后，方可施工。 （3）堤身漏洞险情在临水侧抢护以机械设备为主时，机械设备应停站或行驶在安全或经加固可以确认较为安全的堤身上，防止因漏洞险情导致设备下陷、倾斜或失稳等其他安全事故

序号	项目	内　　容
3	管涌险情的抢护	管涌险情的抢护宜在背水面，采取反滤导渗，控制涌水，留有渗水出路。以人力施工为主进行抢护时，应注意检查附近堤段水浸后变形情况，如有坍塌危险应及时加固或采取其他安全有效的方法
4	崩岸险情	当发生崩岸险情时，应抛投物料，如石块、石笼、混凝土多面体、土袋和柳石枕等，以稳定基础，防止崩岸进一步发展；应密切关注险情发展的动向，时刻检查附近堤身的变形情况，及时采取正确的处理措施，并向附近居民示警
5	堤防决口抢险	（1）当堤防决口时，除有关部门快速通知附近居民安全转移外，抢险施工人员应配备足够的安全救生设备。 （2）堤防决口施工应在水面以上进行，并逐步创造静水闭气条件，确保人身安全。 （3）当在决口抢筑裹头时，应从水浅流缓、土质较好的地带采取打桩、抛填大体积物料等安全裹护措施，防止裹头处突然坍塌将人员与设备冲走。 （4）决口较大采用沉船截流时，应采取有效的安全防护措施，防止沉船底部不平整发生移动而给作业人员造成安全隐患

A12　水利工程建设项目的类型及建设阶段划分

★高频考点：水利工程建设程序

序号	阶　　段			工作要求
1	前期工作	立项过程	项目建议书	项目建议书应根据国民经济和社会发展规划、流域综合规划、区域综合规划、专业规划，按照国家产业政策和国家有关投资建设方针进行编制，是对拟进行建设项目提出的初步说明，解决项目建设的必要性问题
			可行性研究报告	可行性研究报告编制一般委托有相应资格的工程咨询或设计单位承担。可行性研究报告经批准后，不得随意修改或变更。如在主要内容上有重要变动，应经过原批准机关复审同意

序号	阶　　段		工作要求
1	前期工作	初步设计	初步设计是根据批准的可行性研究报告和必要而准确的勘察设计资料，对设计对象进行通盘研究，进一步阐明拟建工程在技术上的可行性和经济上的合理性，确定项目的各项基本技术参数，编制项目的总概算。 由于工程项目基本条件发生变化，引起工程规模、工程标准、设计方案、工程量的改变，其静态总投资超过可行性研究报告相应估算静态总投资在15%以下时，要对工程变化内容和增加投资提出专题分析报告。超过15%以上（含15%）时，必须重新编制可行性研究报告并按原程序报批
2	施工准备		施工准备阶段（包括招标设计）是指建设项目的主体工程开工前，必须完成的各项准备工作。其中，招标设计指为施工以及设备材料招标而进行的设计工作
3	建设实施		建设实施阶段是指主体工程的建设实施，项目法人按照批准的建设文件，组织工程建设，保证项目建设目标的实现
4	生产（运行）准备		生产准备（运行准备）指为工程建设项目投入运行前所进行的准备工作，完成生产准备（运行准备）是工程由建设转入生产（运行）的必要条件
5	竣工验收		竣工验收是工程完成建设目标的标志，是全面考核建设成果、检验设计和工程质量的重要步骤
6	后评价		（1）过程评价。 （2）经济评价。 （3）社会影响及移民安置评价。 （4）环境影响及水土保持评价。 （5）目标和可持续性评价。 （6）综合评价

A13　建设实施阶段的工作内容

★高频考点：建设实施阶段的主要工作

项目	内　　容
关于主体工程开工规定	水利工程具备开工条件后，主体工程方可开工建设。项目法人或建设单位应当自工程开工之日起15个工作日之内，将开工情况的书面报告报项目主管单位和上一级主管单位备案
合同履行	（1）项目法人要建立严格的现场协调或调度制度。 （2）监理单位受项目法人的委托，按照合同规定在现场独立负责项目的建设工期、质量、投资的控制和现场施工的组织协调工作。 （3）设计单位应按照合同及时提供施工详图，并确保设计质量。施工详图经监理单位审核后交施工单位施工。 （4）施工单位要加强施工管理，严格履行签订的施工合同
安全责任	要按照“政府监督、项目法人负责、社会监理、企业保证”的要求，建立健全质量管理体系。 水利工程项目法人（建设单位）、监理、设计、施工等单位的负责人，对本单位的质量工作负领导责任

★高频考点：水利工程重大设计变更包括的方面

序号	项目	内　　容
1	工程任务和规模	（1）工程任务：工程防洪、治涝、灌溉、供水、发电等主要设计任务的变化和调整。 （2）工程规模：水库总库容、防洪库容、死库容、调节库容的变化；正常蓄水位、汛期限制水位、防洪高水位、死水位、设计洪水位、校核洪水位，以及分洪水位、挡潮水位等特征水位的变化；供水、灌溉及排水工程的范围、面积、工程布局发生重大变化；干渠（管）及以上工程设计流量、设计供（引、排）水量发生重大变化；大中型电站或泵站的装机容量发生重大变化；河道治理、堤防及蓄滞洪区工程中河道及堤防治理范围、治导线形态和宽度、整治流量，蓄滞洪区及安全区面积、容量、数量，分洪工程规模等发生重大变化
2	工程等级及设计标准	（1）工程防洪标准、除涝（治涝）标准的变化。 （2）工程等别、主要建筑物级别的变化。 （3）主要建筑物洪水标准、抗震设计等安全标准的变化

序号	项目	内　　容
3	工程布置及建筑物	（1）水库、水闸工程：挡水、泄水、引（供）水、过坝等主要建筑物位置、轴线、工程布置、主要结构型式的变化；主要挡水建筑物高度、防渗型式、筑坝材料和分区设计、结构设计的重大变化；主要泄水建筑物设计、消能防冲设计的重大变化；引水建筑物进水口结构设计的重大变化；主要建筑物基础处理方案、重要边坡治理方案的重大变化。 （2）电站、泵站工程：主要建筑物位置、轴线的重大变化；厂区布置、主要建筑物组成的重大变化；电（泵）站主要建筑物型式、基础处理方案的重大变化；重要边坡治理方案的重大变化。 （3）供水、灌溉及排水工程：水源、取水方式及输水方式的重大变化；干渠（线）及以上工程线路、主要建筑物布置及结构型式，以及建筑物基础处理方案、重要边坡治理方案的重大变化；干渠（线）及以上工程有压输水管道管材、设计压力及调压设施的重大变化。 （4）堤防工程及蓄滞洪区工程：堤线及建筑物布置、堤顶高程的重大变化；堤防防渗型式、筑堤材料、结构设计、护岸和护坡型式的重大变化；对堤防安全有影响的交叉建筑物设计方案的重大变化；防洪以及安全建设工程型式、分洪工程型式的重大变化
4	机电及金属结构	（1）水力机械：水电站水轮机型式、布置型式、台数的变化；大中型泵站水泵型式、布置型式、台数的变化；压力输水系统调流调压设备型式、数量的重大变化。 （2）电气工程：出线电压等级在 110kV 及以上的电站接入电力系统接入点、主接线型式、进出线回路数以及高压配电装置型式变化；110kV 及以上电压等级的泵站供电电压、主接线型式、进出线回路数、高压配电装置型式变化；大型泵站高压主电动机型式、起动方式的变化。 （3）金属结构：具有防洪、泄水功能的闸门工作性质、闸门门型、布置方案、启闭设备型式的重大变化；电站、泵站等工程应急闸门工作性质、闸门门型、布置方案、启闭设备型式的重大变化；导流封堵闸门的门型、结构、布置方案的重大变化
5	施工组织设计	（1）水库枢纽和水电站工程的混凝土骨料、土石坝填筑料、工程回填料料源发生重大变化。 （2）水库枢纽工程主要建筑物的导流建筑物级别、导流标准及导流方式的重大变化

★高频考点：设计变更要求

（1）涉及工程开发任务变化和工程规模、设计标准、总体布局等方面的重大设计变更，应当征得可行性研究报告批复部门的同意。

（2）项目法人、施工单位、监理单位不得修改建设工程勘察、设计文件。

（3）工程勘察、设计文件的变更，应当委托原勘察、设计单位进行。

（4）工程设计变更审批采取分级管理制度。重大设计变更文件，由项目法人按原报审程序报原初步设计审批部门审批。报水利部审批的重大设计变更，应附原初步设计文件报送单位的意见。一般设计变更文件由项目法人组织有关参建方研究确认后实施变更，并报项目主管部门核备，项目主管部门认为必要时可组织审批。

A14　病险水工建筑物除险加固工程的建设要求

★高频考点：水利水电工程安全鉴定的有关要求

项目		内　　容
水工建筑物实行定期安全鉴定		（1）水闸首次安全鉴定应在竣工验收后5年内进行，以后应每隔10年进行一次全面安全鉴定。 （2）水库大坝实行定期安全鉴定制度，首次安全鉴定应在竣工验收后5年内进行，以后应每隔6～10年进行一次
水工建筑的安全类别	水闸	一类闸：运用指标能达到设计标准，无影响正常运行的缺陷，按常规维修养护即可保证正常运行。 二类闸：运用指标基本达到设计标准，工程存在一定损坏，经大修后，可达到正常运行。 三类闸：运用指标达不到设计标准，工程存在严重损坏，经除险加固后，才能达到正运行。 四类闸：运用指标无法达到设计标准，工程存在严重安全问题，需降低标准运用或报废重建
	大坝	一类坝：实际抗御洪水标准达到《防洪标准》GB 50201—2014规定，大坝工作状态正常；工程无重大质量问题，能按设计正常运行的大坝。

项目		内容
水工建筑的安全类别	大坝	二类坝：实际抗御洪水标准不低于部颁水利枢纽工程除险加固近期非常运用洪水标准，但达不到《防洪标准》GB 50201—2014 规定；大坝工作状态基本正常，在一定控制运用条件下能安全运行的大坝。 三类坝：实际抗御洪水标准低于部颁水利枢纽工程除险加固近期非常运用洪水标准，或者工程存在较严重安全隐患，不能按设计正常运行的大坝

★高频考点：验收前蓄水安全鉴定

序号	项目	内容
1	蓄水安全鉴定的组织	项目法人认为工程符合蓄水安全鉴定条件时，可决定组织蓄水安全鉴定。蓄水安全鉴定，由项目法人委托具有相应鉴定经验和能力的单位承担，与之签订蓄水安全鉴定合同，并报工程验收主持单位核备。接受委托负责蓄水安全鉴定的单位（即鉴定单位）应成立专家组，并将专家组组成情况报工程验收主持单位和相应的水利工程质量监督部门核备
2	蓄水安全鉴定工作的任务	是对与蓄水安全有关的工程设计、施工、设备制造与安装的质量进行检查，对影响工程安全的因素进行评价，提出蓄水安全鉴定意见，明确是否具备蓄水验收的条件
3	蓄水安全鉴定的范围	蓄水安全鉴定的范围包括挡水建筑物、泄水建筑物、引水建筑物进水口工程、涉及蓄水安全的库岸和边坡等有关工程项目
4	蓄水安全鉴定工作的重点	蓄水安全鉴定工作的重点是检查工程设计、施工、设备制造与安装是否存在影响工程蓄水安全的因素，以及工程建设期发现的影响工程安全的问题是否得到妥善解决，并提出工程安全评价意见；对不符合有关技术标准、设计文件并涉及工程安全的问题，应分析其影响程度，并提出评价意见；对鉴定发现的符合设计文件、但可能对安全运行构成隐患的问题，也应对其进行分析和评价

A15　水利水电工程承包单位分包管理职责

★高频考点：承包单位分包的管理职责

（1）水利工程施工分包按分包性质分为工程分包和劳务作业分包。

（2）承包人和分包人应当依法签订分包合同，并履行合同约定的义务。分包合同必须遵循承包合同的各项原则，满足承包合同中技术、经济条款。承包人应在分包合同签订后7个工作日内，送发包人备案。

（3）除发包人依法指定分包外，承包人对其分包项目的实施以及分包人的行为向发包人负全部责任。承包人应对分包项目的工程进度、质量、安全、计量和验收等实施监督和管理。

（4）承包人和分包人应当设立项目管理机构，组织管理所承包或分包工程的施工活动。项目管理机构应当具有与所承担工程的规模、技术复杂程度相适应的技术、经济管理人员。其中项目负责人、技术负责人、财务负责人、质量管理人员、安全管理人员必须是本单位人员。

★高频考点：认定为转包、违法分包及出借借用资质的情形

序号	项目	内容
1	认定为转包	（1）承包单位将承包的全部建设工程转包给其他单位（包括母公司承接工程后将所承接工程交由具有独立法人资格的子公司施工的情形）或个人的。 （2）将承包的全部建设工程肢解后以分包名义转包给其他单位或个人的。 （3）承包单位将其承包的全部工程以内部承包合同等形式交由分公司施工。 （4）采取联营合作形式承包，其中一方将其全部工程交由联营另一方施工。 （5）全部工程由劳务作业分包单位实施，劳务作业分包单位计取报酬是除上缴给承包单位管理费之外全部工程价款的。 （6）签订合同后，承包单位未按合同约定设立现场管理机构；或未按投标承诺派驻本单位主要管理人员或未对工程质量、进度、安全、财务等进行实质性管理。

序号	项目	内容
1	认定为转包	（7）承包单位不履行管理义务，只向实际施工单位收取管理费。 （8）法律法规规定的其他转包行为
2	认定为违法分包	（1）将工程分包给不具备相应资质或安全生产许可证的单位或个人施工的。 （2）施工承包合同中未有约定，又未经项目法人书面认可，将工程分包给其他单位施工的。 （3）将主要建筑物的主体结构工程分包的。 （4）工程分包单位将其承包的工程中非劳务作业部分再次分包的。 （5）劳务作业分包单位将其承包的劳务作业再分包的；或除计取劳务作业费用外，还计取主要建筑材料款和大中型机械设备费用的。 （6）承包单位未与分包单位签订分包合同，或分包合同不满足承包合同中相关要求的。 （7）法律法规规定的其他违法分包行为
3	认定为出借或借用他人资质承揽工程	（1）单位或个人借用其他单位的资质承揽工程的。 （2）投标人法定代表人的授权代表人不是投标单位人员的。 （3）实际施工单位使用承包单位资质中标后，以承包单位分公司、项目部等名义组织实施，但两公司无实质隶属关系的。 （4）工程分包的发包单位不是该工程的承包单位，或劳务作业分包的发包单位不是该工程的承包单位或工程分包单位的。 （5）承包单位派驻施工现场的主要管理负责人中、部分人员不是本单位人员的。 （6）承包单位与项目法人之间没有工程款收付关系，或者工程款支付凭证上载明的单位与施工合同中载明的承包单位不一致的。 （7）合同约定由承包单位负责采购、租赁的主要建筑材料、工程设备等，由其他单位或个人采购、租赁，或者承包单位不能提供有关采购。租赁合同及发票等证明，又不能进行合理解释并提供证明材料的。 （8）法律法规规定的其他出借借用资质行为

A16　水利水电工程标准施工招标文件的内容

★高频考点：施工招标条件

（1）初步设计已经批准。

（2）建设资金来源已落实，年度投资计划已经安排。

（3）监理单位已确定。

（4）具有能满足招标要求的设计文件，已与设计单位签订适应施工进度要求的图纸交付合同或协议。

（5）有关建设项目永久征地、临时征地和移民搬迁的实施、安置工作已经落实或已有明确安排。

★高频考点：施工招标程序

序号	项目	内容
1	编制招标文件	招标文件一般包括招标公告、投标人须知、评标办法、合同条款及格式、工程量清单、招标图纸、合同技术条款和投标文件格式等内容。其中投标人须知、评标办法和通用合同条款应全文引用《水利水电工程标准施工招标文件》（2009年版）
2	发布招标公告	依法必须招标项目的招标公告和公示信息应当在“中国招标投标公共服务平台”或者项目所在地省级电子招标投标公共服务平台发布。招标文件的发售期不得少于5日
3	组织踏勘现场和投标预备会	招标人不得单独或者分别组织部分投标人进行现场踏勘。 对于投标人在阅读招标文件和踏勘现场中提出的疑问，招标人可以书面形式或召开投标预备会的方式解答，但需同时将解答以书面方式通知所有购买招标文件的投标人
4	澄清和修改招标文件	在投标截止时间15d前以书面形式发给所有购买招标文件的投标人，但不指明澄清问题的来源。 如果澄清和修改通知发出的时间距投标截止时间不足15d，且影响投标文件编制的，相应延长投标截止时间
5	开标	自招标文件开始发出之日起至投标人提交投标文件截止，最短不得少于20d。 投标截止时间与开标时间应当为同一时间。 投标人少于3个的，不得开标。 发生下述情形之一的，招标人不得接收投标文件： （1）未通过资格预审的申请人递交的投标文件。 （2）逾期送达的投标文件。 （3）未按招标文件要求密封的投标文件。 招标人不得以未提交投标保证金（或提交的投标保证金不合格）、未备案（或注册）、原件不合格、投标文件修改函不合格、投标文件数量不合格、投标人的法定代表人或委托代理人身份不合格等作为不接收投标文件的理由。

序号	项目	内　　容
5	开标	电子开标下应当注意以下事项： （1）电子开标应当按照招标文件确定的时间，在电子招标投标交易平台上公开进行，所有投标人均应当准时在线参加开标。 （2）开标时，电子招标投标交易平台自动提取所有投标文件，提示招标人和投标人按招标文件规定方式按时在线解密。 （3）电子招标投标交易平台应当生成开标记录并向社会公众公布。 （4）解密全部完成后，应当向所有投标人公布投标人名称、投标价格和招标文件规定的其他内容。 （5）部分投标文件未解密的，其他投标文件的开标可以继续进行。 （6）招标人可以在招标文件中明确投标文件解密失败的补救方案，投标文件应按照招标文件的要求作出响应。 （7）因投标人原因造成投标文件未解密的，视为撤销其投标文件。 （8）因投标人之外的原因造成投标文件未解密的，视为撤回其投标文件，投标人有权要求责任方赔偿因此遭受的直接损失
6	评标	（1）水利工程建设项目施工标评标委员会由招标人代表和依法抽取的专家组成，为七人以上单数。 （2）水利工程施工招标评标办法包括经评审的最低投标价法和综合评估法，一般采取综合评估法。电子评标下，评标应当在有效监控和保密的环境下在线进行。 （3）综合评估法中，评审包括初步评审和详细评审。初步评审标准分为形式评审标准、资格评审标准、响应性评审标准。 （4）投标人或者其他利害关系人依法对招标文件、开标和评标结果提出异议，以及招标人答复，均应当通过电子招标投标交易平台进行
7	评标公示	招标人应当自收到评标报告之日起 3d 内公示中标候选人，公示期不得少于 3d
8	确定中标人	评标委员会推荐的中标候选人应当限定在 1 ～ 3 人，并标明排列顺序。 确定中标人应遵守下述规定： （1）招标人应当确定排名第一的中标候选人为中标人。 （2）排名第一的中标候选人放弃中标、因不可抗力不能履行合同、不按照招标文件要求提交履约保证金，或者被查实存在影响中标结果的违法行为等情形，不符合中标条件的，招标人

序号	项目	内容
8	确定中标人	可以按照评标委员会提出的中标候选人名单排序依次确定其他中标候选人为中标人，也可以重新招标。 （3）当招标人确定的中标人与评标委员会推荐的中标候选人顺序不一致时，应当有充足的理由，并按项目管理权限报水行政主管部门备案。 （4）在确定中标人之前，招标人不得与投标人就投标价格、投标方案等实质性内容进行谈判。 （5）中标人确定后，招标人应当向中标人发出中标通知书，同时通知未中标人
9	签订合同	招标人和中标人应当依照招标文件的规定签订书面合同，合同的标的、价款、质量、履行期限等主要条款应当与招标文件和中标人的投标文件的内容一致。招标人和中标人不得再行订立背离合同实质性内容的其他协议
10	重新招标	有下列情形之一的，招标人将重新招标： （1）投标截止时间止，投标人少于3个的。 （2）经评标委员会评审后否决所有投标的。 （3）评标委员会否决不合格投标或者界定为废标后因有效投标不足3个使得投标明显缺乏竞争，评标委员会决定否决全部投标的。 （4）同意延长投标有效期的投标人少于3个的。 （5）中标候选人均未与招标人签订合同的。 重新招标后，仍出现前述规定情形之一的，属于必须审批的水利工程建设项目，经行政监督部门批准后可不再进行招标，采取政府采购其他方式确定中标人

★高频考点：施工投标的资格条件

序号	项目		内容
1	资质	施工综合资质	取得施工综合资质的企业可承担各类别各等级工程施工总承包、项目管理业务
		水利水电工程施工总承包资质	水利水电工程施工总承包资质分为甲级、乙级。 （1）甲级资质可承担各类型水利水电工程的施工。 （2）乙级资质可承担工程规模中型以下水利水电工程和建筑物级别3级以下水工建筑物的施工，但下列工程规模限制在以下范围内：坝高70m以下、水电站总装机容量150MW以下、水工隧洞洞径小于8m（或断面积相等的其他型式）且长度小于1000m、堤防级别2级以下

<table>
<tr><th>序号</th><th colspan="2">项目</th><th>内　　容</th></tr>
<tr><td rowspan="2">1</td><td rowspan="2">资质</td><td>水利水电工程类专业承包资质</td><td>水利水电工程类专业承包资质分为甲级、乙级。
（1）甲级资质：可承担各类压力钢管、闸门、拦污栅等水工金属结构工程的制作、安装及启闭机的安装。可承担各类水电站、泵站主机（各类水轮发电机组、水泵机组）及其附属设备和水电（泵）站电气设备的安装工程。
（2）乙级资质：可承担大型以下压力钢管、闸门、拦污栅等水工金属结构工程的制作、安装及启闭机的安装。可承担单机容量 100MW 以下的水电站、单机容量 1000kW 以下的泵站主机及其附属设备和水电（泵）站电气设备的安装工程</td></tr>
<tr><td>专业作业资质</td><td>专业作业资质不分等级，实行备案制。具有公司法人《营业执照》且拟从事专业作业的企业可在完成企业信息备案后，即可取得专业作业资质。
专业作业资质分为 11 种作业类型：木工作业、砌筑作业、抹灰作业、石制作作业、油漆作业、钢筋作业、混凝土作业、焊接作业、水暖电安装作业、钣金作业、架线作业。每个企业只能选择不多于 2 种作业类型进行备案</td></tr>
<tr><td>2</td><td colspan="2">财务状况</td><td>投标人应按招标文件要求填报“近 3 年财务状况表”，并附经会计师事务所或审计机构审计的财务会计报表，包括资产负债表、现金流量表、利润表和财务情况说明书的复印件</td></tr>
<tr><td>3</td><td colspan="2">投标人业绩</td><td>投标人业绩一般指类似工程业绩。业绩的类似性包括功能、结构、规模、造价等方面。
投标人业绩以合同工程完工证书颁发时间为准。投标人应按招标文件要求填报“近 5 年完成的类似项目情况表”，并附中标通知书和（或）合同协议书、工程接收证书（工程竣工验收证书）、合同工程完工证书的复印件</td></tr>
<tr><td>4</td><td colspan="2">信誉</td><td>根据水利部《水利建设市场主体信用评价管理办法》（水建设［2019］307 号），信用等级分为 AAA（信用很好）、AA（信用良好）、A（信用较好）、B（信用一般）和 C（信用较差）三等五级。水利建设市场主体信用等级有效期为 3 年。被列入“黑名单”的水利建设市场主体信用评价实行一票否决制，取消其信用等级。在“黑名单”公开期限内，不受理其信用评价申请</td></tr>
</table>

序号	项目	内　容
5	项目经理资格	项目经理应由注册于本单位（须提供社会保险证明）、级别符合《关于印发〈注册建造师执业工程规模标准〉（试行）的通知》（建市［2007］171号）要求的注册建造师担任
6	其他	（1）投标人营业执照应在有效期内，无被吊销营业执照等情况。 （2）投标人应持有有效的安全生产许可证，没有被吊销安全生产许可证等情况。 （3）投标人应按招标文件要求填报“投标人基本情况表”，并附营业执照和安全生产许可证正、副本复印件。 （4）投标人的单位负责人应当具备有效的安全生产考核合格证书（A类），专职安全生产管理人员应当具备有效的安全生产考核合格证书（C类）。 （5）不存在被责令停业的、被暂停或取消投标资格的、财产被接管或冻结的以及在最近三年内有骗取中标或严重违约或重大工程质量问题的情形。 （6）委托代理人、安全管理人员（专职安全生产管理人员）、质量管理人员、财务负责人应是投标人本单位人员

★高频考点：投标程序

序号	项目	内　容
1	编制投标文件	投标文件应按招标文件要求编制，未响应招标文件实质性要求的作无效标处理。投标文件格式要求有： （1）投标文件签字盖章要求是：投标文件正本除封面、封底、目录、分隔页外的其他每一页必须加盖投标人单位章并由投标人的法定代表人或其委托代理人签字。 （2）投标文件份数要求是正本1份，副本4份。 （3）投标文件用A4纸（图表页除外）装订成册，编制目录和页码，并不得采用活页夹装订。 （4）投标人应按招标文件“工程量清单”的要求填写相应表格
2	递交投标保证金	投标保证金一般不超过合同估算价的2%，但最高不得超过80万元。投标保证金提交的具体要求如下： （1）以现金或者支票形式提交的投标保证金应当从其基本账户转出。

序号	项目	内　容
2	递交投标保证金	（2）投标人不按要求提交投标保证金的，其投标文件作无效标处理。 （3）招标人与中标人签订合同后5个工作日内，向未中标的投标人和中标人退还投标保证金及相应利息。 （4）投标保证金与投标有效期一致。投标人在规定的投标有效期内撤销或修改其投标文件，或中标人在收到中标通知书后，无正当理由拒签合同协议书或未按招标文件规定提交履约担保的，投标保证金将不予退还
3	递交投标文件	投标人应在投标截止时间前，将密封好的投标文件向招标人递交。投标文件密封不符合招标文件要求的或逾期送达的，将不被接受。投标人应当向招标人索要投标文件接受凭据，凭据的内容包括递（接）受人、接受时间、接受地点、投标文件密封标识情况、投标文件密封包数量
4	投标文件的撤销和撤回	投标截止时间前投标人可以撤回已经提交的投标文件。投标截止时间后，投标人不得撤销投标文件。投标人撤回已提交的投标文件，应当在投标截止时间前书面通知招标人。 招标人已收取投标保证金的，应当自收到投标人书面撤回通知之日起5日内退还。投标截止时间后投标人撤销投标文件的，招标人可以不退还投标保证金
5	按评标委员会要求澄清和补正投标文件	（1）投标人不得主动提出澄清、说明或补正。 （2）澄清、说明和补正不得改变投标文件的实质性内容（算术性错误修正的除外）。 （3）投标人的书面澄清、说明和补正属于投标文件的组成部分。 （4）评标委员会对投标人提交的澄清、说明或补正仍有疑问时，可要求投标人进一步澄清、说明或补正的，投标人应予配合
6	遵守投标有效期约束	水利工程施工招标投标有效期一般为56d。在招标文件规定的投标有效期内，投标人不得要求撤销或修改其投标文件

★高频考点：禁止行为

序号	禁止行为	内　容
1	禁止投标人串通投标	有下列情形之一的，属于投标人相互串通投标： （1）投标人之间协商投标报价等投标文件的实质性内容。 （2）投标人之间约定中标人。

序号	禁止行为	内　　容
1	禁止投标人串通投标	（3）投标人之间约定部分投标人放弃投标或者中标。 （4）属于同一集团、协会、商会等组织成员的投标人按照该组织要求协同投标。 （5）投标人之间为谋取中标或者排斥特定投标人而采取的其他联合行动。 有下列情形之一的，视为投标人相互串通投标： （1）不同投标人的投标文件由同一单位或者个人编制。 （2）不同投标人委托同一单位或者个人办理投标事宜。 （3）不同投标人的投标文件载明的项目管理成员为同一人。 （4）不同投标人的投标文件异常一致或者投标报价呈规律性差异。 （5）不同投标人的投标文件相互混装。 （6）不同投标人的投标保证金从同一单位或者个人的账户转出
2	禁止招标人与投标人串通投标	有下列情形之一的，属于招标人与投标人串通投标： （1）招标人在开标前开启投标文件并将有关信息泄露给其他投标人。 （2）招标人直接或者间接向投标人泄露标底、评标委员会成员等信息。 （3）招标人明示或者暗示投标人压低或者抬高投标报价。 （4）招标人授意投标人撤换、修改投标文件。 （5）招标人明示或者暗示投标人为特定投标人中标提供方便。 （6）招标人与投标人为谋求特定投标人中标而采取的其他串通行为
3	禁止弄虚作假投标	投标人有下列情形之一的，属于弄虚作假的行为： （1）使用通过受让或者租借等方式获取的资格、资质证书投标的。 （2）使用伪造、编造的许可证件。 （3）提供虚假的财务状况或者业绩。 （4）提供虚假的项目负责人或者主要技术人员简历、劳动关系证明。 （5）提供虚假的信用状况。 （6）其他弄虚作假的行为
4	投标人回避或禁止准入	投标人除应具备承担招标项目施工的资质条件、能力和信誉外，还不得存在下列情形之一： （1）为招标人不具有独立法人资格的附属机构（单位）。

序号	禁止行为	内　　容
4	投标人回避或禁止准入	（2）为招标项目前期准备提供设计或咨询服务的，但设计施工总承包的除外。 （3）为招标项目的监理人或代建人。 （4）为招标项目提供招标代理服务的。 （5）与招标项目的监理人或代建人或招标代理机构同为一个法定代表人的、相互控股或参股的、相互任职或工作的。 （6）被责令停业的。 （7）被暂停或取消投标资格的。 （8）财产被接管或冻结的。 （9）在最近三年内有骗取中标或严重违约或重大工程质量问题的

★高频考点：异议权

序号	项目	内　　容
1	招标文件异议	潜在投标人或者其他利害关系人对招标文件有异议的，应当在投标截止时间10d前向招标人或其委托的招标代理公司提出。招标人或其委托的招标代理公司应当自收到异议之日起3d内作出答复；作出答复前，应当暂停招标投标活动。未在规定时间提出异议的，不得再对招标文件相关内容提出异议或投诉
2	开标异议	开标现场可能出现对投标文件的提交、截止时间、开标程序、投标文件密封检查和开封、唱标内容、标底价格的合理性、开标记录、唱标次序等的争议以及投标人和招标人或者投标人之间是否存在利益冲突的情形，投标人应当在现场提出异议，异议成立的，招标人应当及时采取纠正措施，或者提交评标委员会评审确认；不成立的，招标人应当当场解释说明
3	评标异议	招标人应当自收到评标报告之日起3d内公示中标候选人，公示期不得少于3d。依法必须招标项目的中标候选人公示应当载明以下内容： （1）中标候选人排序、名称、投标报价、质量、工期（交货期），以及评标情况。 （2）中标候选人按照招标文件要求承诺的项目负责人姓名及其相关证书名称和编号。 （3）中标候选人响应招标文件要求的资格能力条件。 （4）提出异议的渠道和方式。 （5）招标文件规定公示的其他内容

★高频考点：电子投标的主要管理要求

使用电子招标投标的，投标人应当通过招标公告或者投标邀请书载明的电子招标投标交易平台递交数据电文形式的资格预审申请文件或者投标文件。主要要求如下：

（1）电子招标投标交易平台的运营机构，以及与该机构有控股或者管理关系可能影响招标公正性的任何单位和个人，不得在该交易平台进行的招标项目中投标和代理投标。

（2）电子招标投标交易平台收到投标人送达的投标文件，应当即时向投标人发出确认回执通知，并妥善保存投标文件。在投标截止时间前，除投标人补充、修改或者撤回投标文件外，任何单位和个人不得解密、提取投标文件。

（3）电子招标投标交易平台应当允许投标人离线编制投标文件，并且具备分段或者整体加密、解密功能。

（4）投标人应当在招标公告或者投标邀请书载明的电子招标投标交易平台注册登记，如实递交有关信息，并经电子招标投标交易平台运营机构验证。

（5）投标人应当按照招标文件和电子招标投标交易平台的要求编制并加密投标文件。投标人未按规定加密的投标文件，电子招标投标交易平台应当拒收并提示。

（6）投标截止时间前未完成投标文件传输的，视为撤回投标文件。投标截止时间后送达的投标文件，电子招标投标交易平台应当拒收。

A17 施工合同管理

★高频考点：进度管理

序号	项目		内容
1	合同进度计划	编制	（1）承包人应编制详细的施工总进度计划及其说明提交监理人审批。

<table>
<tr><th>序号</th><th colspan="2">项目</th><th>内　容</th></tr>
<tr><td rowspan="2">1</td><td rowspan="2">合同进度计划</td><td>编制</td><td>（2）监理人应在约定的期限内批复承包人，否则该进度计划视为已得到批准。
（3）经监理人批准的施工进度计划称为合同进度计划，是控制合同工程进度的依据。
（4）承包人还应根据合同进度计划，编制更为详细的分阶段或单位工程或分部工程进度计划，报监理人审批</td></tr>
<tr><td>修订</td><td>当监理人认为需要修订合同进度计划时，承包人应按监理人的指示，在14d内向监理人提交修订的合同进度计划，并附调整计划的相关资料，提交监理人审批</td></tr>
<tr><td rowspan="3">2</td><td rowspan="3">工期延误</td><td>发包人的工期延误</td><td>在履行合同过程中，由于发包人的下列原因造成工期延误的，承包人有权要求发包人延长工期和（或）增加费用，并支付合理利润。需要修订合同进度计划的，按照约定办理。
（1）增加合同工作内容。
（2）改变合同中任何一项工作的质量要求或其他特性。
（3）发包人延迟提供材料、工程设备或变更交货地点的。
（4）因发包人原因导致的暂停施工。
（5）提供图纸延误。
（6）未按合同约定及时支付预付款、进度款。
（7）发包人造成工期延误的其他原因</td></tr>
<tr><td>异常恶劣的气候条件</td><td>当工程所在地发生危及施工安全的异常恶劣气候时，发包人和承包人应及时采取暂停施工或部分暂停施工措施。异常恶劣气候条件解除后，承包人应及时安排复工。
异常恶劣气候条件造成的工期延误和工程损坏，应由发包人与承包人参照不可抗力的约定协商处理</td></tr>
<tr><td>承包人的工期延误</td><td>由于承包人原因，未能按合同进度计划完成工作，或监理人认为承包人施工进度不能满足合同工期要求的，承包人应采取措施加快进度，并承担加快进度所增加的费用。由于承包人原因造成工期延误，承包人应支付逾期竣工违约金。逾期竣工违约金的计算方法在专用合同条款中约定。承包人支付逾期竣工违约金，不免除承包人完成工程及修补缺陷的义务</td></tr>
<tr><td>3</td><td colspan="2">工期提前</td><td>发包人要求提前完工的，双方协商一致后应签订提前完工协议，协议内容包括：
（1）提前的时间和修订后的进度计划。
（2）承包人的赶工措施。
（3）发包人为赶工提供的条件。
（4）赶工费用（包括利润和奖金）</td></tr>
</table>

序号	项目		内　　容
4	暂停施工	承包人暂停施工的责任	因下列暂停施工增加的费用和（或）工期延误由承包人承担： （1）承包人违约引起的暂停施工。 （2）由于承包人原因为工程合理施工和安全保障所必需的暂停施工。 （3）承包人擅自暂停施工。 （4）承包人其他原因引起的暂停施工。 （5）专用合同条款约定由承包人承担的其他暂停施工
		监理人暂停施工指示	（1）监理人认为有必要时，可向承包人作出暂停施工的指示，承包人应按监理人指示暂停施工。 （2）不论由于何种原因引起的暂停施工，暂停施工期间承包人应负责妥善保护工程并提供安全保障。 （3）由于发包人的原因发生暂停施工的紧急情况，且监理人未及时下达暂停施工指示的，承包人可先暂停施工，并及时向监理人提出暂停施工的书面请求。监理人应在接到书面请求后的24h内予以答复，逾期未答复的，视为同意承包人的暂停施工请求

★高频考点：变更管理

序号	项目	内　　容
1	变更的范围和内容	（1）取消合同中任何一项工作，但被取消的工作不能转由发包人或其他人实施。 （2）改变合同中任何一项工作的质量或其他特性。 （3）改变合同工程的基线、标高、位置或尺寸。 （4）改变合同中任何一项工作的施工时间或改变已批准的施工工艺或顺序。 （5）为完成工程需要追加的额外工作。 （6）增加或减少专用合同条款中约定的关键项目工程量超过其工程总量的一定数量百分比
2	变更指示	（1）变更指示只能由监理人发出。 （2）变更指示应说明变更的目的、范围、变更内容以及变更的工程量及其进度和技术要求，并附有关图纸和文件。承包人收到变更指示后，应按变更指示进行变更工作
3	变更的估价原则	（1）已标价工程量清单中有适用于变更工作的子目的，采用该子目的单价。 （2）已标价工程量清单中无适用于变更工作的子目，但有类似子目的，可在合理范围内参照类似子目的单价，由监理人商定或确定变更工作的单价。 （3）已标价工程量清单中无适用或类似子目的单价，可按照成本加利润的原则，由监理人商定或确定变更工作的单价

★高频考点：价格调整

序号	项目	内　　容
1	人工、材料和设备等价格波动影响合同价格	$\Delta P=P_0\left[A+\left(B_1\times\frac{F_{t1}}{F_{01}}+B_2\times\frac{F_{t2}}{F_{02}}+B_3\times\frac{F_{t3}}{F_{03}}+\cdots+B_n\times\frac{F_{tn}}{F_{0n}}\right)-1\right]$ 式中　ΔP——需调整的价格差额； P_0——付款证书中承包人应得到的已完成工程量的金额；此项金额应不包括价格调整、不计质量保证金的扣留和支付、预付款的支付和扣回；变更及其他金额已按现行价格计价的，也不计在内； A——定值权重（即不调部分的权重）； B_1，B_2，B_3，…，B_n——各可调因子的变值权重（即可调部分的权重），为各可调因子在投标函投标总报价中所占的比例； F_{t1}，F_{t2}，F_{t3}，…，F_{tn}——各可调因子的现行价格指数，指付款证书相关周期最后一天的前 42d 的各可调因子的价格指数； F_{01}，F_{02}，F_{03}，…，F_{0n}——各可调因子的基本价格指数，指基准日期的各可调因子的价格指数
2	法律变化引起的价格调整	在基准日后，因法律变化导致承包人在合同履行中所需要的工程费用发生除物价波动以外的增减时，监理人应根据法律及国家或省、自治区、直辖市有关部门的规定，商定或确定需调整的合同价款

★高频考点：计量

序号	项目	内　　容
1	单价子目的计量	（1）已标价工程量清单中的单价子目工程量为估算工程量。结算工程量是承包人实际完成的，并按合同约定的计量方法进行计量的工程量。 （2）承包人对已完成的工程进行计量，向监理人提交进度付款申请单、已完成工程量报表和有关计量资料。 （3）监理人对承包人提交的工程量报表进行复核，以确定实际完成的工程量。对数量有异议的，可要求承包人进行共同复核和抽样复测。承包人应协助监理人进行复核并按监理人要求提供补充计量资料。承包人未按监理人要求参加复核，监理人复核或修正的工程量视为承包人实际完成的工程量。 （4）监理人认为有必要时，可通知承包人共同进行联合测量、计量，承包人应遵照执行。

序号	项目	内容
1	单价子目的计量	（5）承包人完成工程量清单中每个子目的工程量后，监理人应要求承包人派员共同对每个子目的历次计量报表进行汇总，以核实最终结算工程量。监理人可要求承包人提供补充计量资料，以确定最后一次进度付款的准确工程量。承包人未按监理人要求派员参加的，监理人最终核实的工程量视为承包人完成该子目的准确工程量。 （6）监理人应在收到承包人提交的工程量报表后的7d内进行复核，监理人未在约定时间内复核的，承包人提交的工程量报表中的工程量视为承包人实际完成的工程量，据此计算工程价款
2	总价子目的计量	（1）总价子目的计量和支付应以总价为基础，不因价格调整因素而进行调整。承包人实际完成的工程量，是进行工程目标管理和控制进度支付的依据。 （2）承包人应按工程量清单的要求对总价子目进行分解，并在签订协议书后的28d内将各子目的总价支付分解表提交监理人审批。分解表应标明其所属子目和分阶段需支付的金额。承包人应按批准的各总价子目支付周期，对已完成的总价子目进行计量，确定分项的应付金额列入进度付款申请单中。 （3）监理人对承包人提交的上述资料进行复核，以确定分阶段实际完成的工程量和工程形象目标。对其有异议的，可要求承包人进行共同复核和抽样复测。 （4）除变更外，总价子目的工程量是承包人用于结算的最终工程量

★高频考点：预付款

序号	项目	内容
1	定义和分类	预付款用于承包人为合同工程施工购置材料、工程设备、施工设备、修建临时设施以及组织施工队伍进场等，分为工程预付款和工程材料预付款。预付款必须专用于合同工程
2	额度	一般工程预付款为签约合同价的10%，分两次支付，招标项目包含大宗设备采购的可适当提高但不宜超过20%
3	工程预付款的扣回与还清公式	$R=\frac{A}{(F_2-F_1)S}(C-F_1S)$ 式中 R——每次进度付款中累计扣回的金额； A——工程预付款总金额； S——签约合同价； C——合同累计完成金额；

序号	项目	内　　容
3	工程预付款的扣回与还清公式	F_1——开始扣款时合同累计完成金额达到签约合同价的比例，一般取 20%； F_2——全部扣清时合同累计完成金额达到签约合同价的比例，一般取 80% ～ 90%

★高频考点：工程进度款

序号	项目	内　　容
1	进度付款申请单	（1）截至本次付款周期末已实施工程的价款。 （2）变更金额。 （3）索赔金额。 （4）应支付的预付款和扣减的返还预付款。 （5）根据合同应增加和扣减的其他金额。 （6）应扣减的质量保证金
2	进度付款证书和支付时间	（1）监理人在收到承包人进度付款申请单以及相应的支持性证明文件后的 14d 内完成核查，经发包人审查同意后，出具经发包人签认的进度付款证书。 （2）发包人应在监理人收到进度付款申请单后的 28d 内，将进度应付款支付给承包人。发包人不按期支付的，按专用合同条款的约定支付逾期付款违约金。 （3）监理人出具进度付款证书，不应视为监理人已同意、批准或接受了承包人完成的该部分工作。 （4）进度付款涉及政府投资资金的，按照国库集中支付等国家相关规定和专用合同条款的约定办理

★高频考点：质量保证金

序号	项目	内　　容
1	预留	合同工程完工验收前，已经缴纳履约保证金的，进度支付时发包人不得同时预留工程质量保证金，合同工程完工验收后，发包人可以预留工程质量保证金，也可以延长履约保证金期限用于工程质量保证金而不再预留质量保证金。发包人应按照合同约定方式预留保留金，根据《住房和城乡建设部 财政部关于印发〈建设工程质量保证金管理办法〉的通知》（建质［2017］138 号），保证金总预留比例不得高于工程价款结算总额的 3%
2	退还	（1）在工程质量保修期满时，发包人将在 30 个工作日内核实后将质量保证金支付给承包人。 （2）在工程质量保修期满时，承包人没有完成缺陷责任的，发包人有权扣留与未履行责任剩余工作所需金额相应的质量保证金余额，并有权延长缺陷责任期，直至完成剩余工作为止

★高频考点：完工结算

项目	内　　容
完工付款申请单	完工结算合同总价、发包人已支付承包人的工程价款、应支付的完工付款金额
完工付款证书及支付时间	（1）监理人在收到承包人提交的完工付款申请单后的 14d 内完成核查，提出发包人到期应支付给承包人的价款送发包人审核并抄送承包人。 （2）发包人应在收到后 14d 内审核完毕，由监理人向承包人出具经发包人签认的完工付款证书。 （3）监理人未在约定时间内核查，又未提出具体意见的，视为承包人提交的完工付款申请单已经监理人核查同意。 （4）发包人未在约定时间内审核又未提出具体意见的，监理人提出发包人到期应支付给承包人的价款视为已经发包人同意。 （5）发包人应在监理人出具完工付款证书后的 14d 内，将应支付款支付给承包人。发包人不按期支付的，将逾期付款违约金支付给承包人。 （6）承包人对发包人签认的完工付款证书有异议的，发包人可出具完工付款申请单中承包人已同意部分的临时付款证书。 （7）完工付款涉及政府投资资金的，按照国库集中支付等国家相关规定和专用合同条款的约定办理

★高频考点：索赔管理

序号	项目		内　　容
1	承包人索赔	提出索赔程序	（1）承包人应在知道或应当知道索赔事件发生后 28d 内，向监理人递交索赔意向通知书，并说明发生索赔事件的事由。承包人未在前述 28d 内发出索赔意向通知书的，丧失要求追加付款和（或）延长工期的权利。 （2）承包人应在发出索赔意向通知书后 28d 内，向监理人正式递交索赔通知书。索赔通知书应详细说明索赔理由以及要求追加的付款金额和（或）延长的工期，并附必要的记录和证明材料。 （3）索赔事件具有连续影响的，承包人应按合理时间间隔继续递交延续索赔通知，说明连续影响的实际情况和记录，列出累计的追加付款金额和（或）工期延长天数。 （4）在索赔事件影响结束后的 28d 内，承包人应向监理人递交最终索赔通知书，说明最终要求索赔的追加付款金额和延长的工期，并附必要的记录和证明材料

序号	项目		内　　容
1	承包人索赔	处理程序	（1）监理人收到承包人提交的索赔通知书后，应及时审查索赔通知书的内容、查验承包人的记录和证明材料，必要时监理人可要求承包人提交全部原始记录副本。 （2）监理人应商定或确定追加的付款和（或）延长的工期，并在收到上述索赔通知书或有关索赔的进一步证明材料后的42d内，将索赔处理结果答复承包人。 （3）承包人接受索赔处理结果的，发包人应在作出索赔处理结果答复后28d内完成赔付。承包人不接受索赔处理结果的，按争议约定办理
		提出索赔的期限	（1）承包人接受了完工付款证书后，应被认为已无权再提出在合同工程完工证书颁发前所发生的任何索赔。 （2）承包人提交的最终结清申请单中，只限于提出合同工程完工证书颁发后发生的索赔。提出索赔的期限自接受最终结清证书时终止
2	发包人索赔		（1）发生索赔事件后，监理人应及时书面通知承包人，详细说明发包人有权得到的索赔金额和（或）延长缺陷责任期的细节和依据。 （2）发包人提出索赔的期限和要求与承包人索赔相同，延长工程质量保修期的通知应在工程质量保修期届满前发出。 （3）监理人商定或确定发包人从承包人处得到赔付的金额和（或）工程质量保修期的延长期。 （4）承包人应付给发包人的金额可从拟支付给承包人的合同价款中扣除，或由承包人以其他方式支付给发包人。 （5）承包人对监理人发出的索赔书面通知内容持异议时，应在收到书面通知后的14d内，将持有异议的书面报告及其证明材料提交监理人。 （6）监理人应在收到承包人书面报告后的14d内，将异议的处理意见通知承包人，并执行赔付。若承包人不接受监理人的索赔处理意见，可按合同争议的规定办理

A18 施工质量事故分类与事故报告内容

★高频考点：水利工程质量事故分类

损失情况 \ 事故类别		特大质量事故	重大质量事故	较大质量事故	一般质量事故
事故处理所需的物资、器材和设备、人工等直接损失费（人民币万元）	大体积混凝土，金属制作和机电安装工程	>3000	>500 ≤3000	>100 ≤500	>20 ≤100
	土石方工程、混凝土薄壁工程	>1000	>100 ≤1000	>30 ≤100	>10 ≤30
事故处理所需合理工期（月）		>6	>3 ≤6	>1 ≤3	≤1
事故处理后对工程和寿命影响		影响工程正常使用，需限制条件使用	不影响工程正常使用，但对工程寿命有较大影响	不影响工程正常使用，但对工程寿命有一定影响	不影响工程正常使用和工程寿命

★高频考点：事故报告

序号	项目	内　　容
1	报告时间	发生（发现）较大质量事故、重大质量事故、特大质量事故，事故单位要在48h内向有关单位提出书面报告
2	报告内容	（1）工程名称、建设地点、工期，项目法人、主管部门及负责人电话。 （2）事故发生的时间、地点、工程部位以及相应的参建单位名称。 （3）事故发生的简要经过、伤亡人数和直接经济损失的初步估计。 （4）事故发生原因初步分析。 （5）事故发生后采取的措施及事故控制情况。 （6）事故报告单位、负责人以及联络方式

A19 水利工程质量事故调查的程序与处理的要求

★高频考点：水利工程质量事故调查管理权限的确定及事故处理职责的划分

序号	事故	调查管理权限的确定	事故处理职责的划分
1	一般质量事故	由项目法人组织设计、施工、监理等单位进行调查，调查结果报项目主管部门核备	由项目法人负责组织有关单位制定处理方案并实施，报上级主管部门备案
2	较大质量事故	由项目主管部门组织调查组进行调查，调查结果报上级主管部门批准并报省级水行政主管部门核备	由项目法人负责组织有关单位制定处理方案，经上级主管部门审定后实施，报省级水行政主管部门或流域备案
3	重大质量事故	由省级以上水行政主管部门组织调查组进行调查，调查结果报水利部核备	由项目法人负责组织有关单位提出处理方案，征得事故调查组意见后，报省级水行政主管部门或流域机构审定后实施
4	特大质量事故	由水利部组织调查	由项目法人负责组织有关单位提出处理方案，征得事故调查组意见后，报省级水行政主管部门或流域机构审定后实施，并报水利部备案

★高频考点：水利工程质量事故处理的要求

序号	项目	内　　容
1	事故处理原则	发生质量事故，必须坚持“事故原因不查清楚不放过、主要事故责任者和职工未受教育不放过、补救和防范措施不落实不放过”的原则（简称“三不放过原则”）
2	质量缺陷的处理	小于一般质量事故的质量问题称为质量缺陷。 对因特殊原因，使得工程个别部位或局部达不到规范和设计要求（不影响使用），且未能及时进行处理的工程质量缺陷问题（质量评定仍为合格），必须以工程质量缺陷备案形式进行记录备案。

序号	项目	内　容
2	质量缺陷的处理	质量缺陷备案资料必须按竣工验收的标准制备，作为工程竣工验收备查资料存档。质量缺陷备案表由监理单位组织填写

A20　水利工程建设项目风险管理和生产安全事故应急管理

★高频考点：风险处置方法

序号	处置方法	风　险
1	风险规避	损失大、概率大的灾难性风险
2	风险缓解	损失小、概率大的风险
3	风险转移	损失大、概率小的风险
4	风险自留	损失小、概率小的风险
5	风险利用	有利于工程项目目标的风险

★高频考点：应急管理工作原则

（1）以人为本，安全第一。

（2）属地为主，部门协调。

（3）分工负责，协同应对。

（4）专业指导，技术支撑。

（5）预防为主，平战结合。

★高频考点：生产安全事故分类

事故等级 / 损失内容	特别重大事故	重大事故	较大事故	一般事故
死亡	30（含本数，下同）人以上	10人以上30人以下	3人以上10人以下	3人以下
或者重伤（包括急性工业中毒，下同）	100人以上	50人以上100人以下	10人以上50人以下	3人以上10人以下
或者直接经济损失	1亿元以上	5000万元以上1亿元以下	1000万元以上5000万元以下	100万元以上1000万元以下

A21 水利水电工程施工质量评定的要求

★高频考点:《水利水电工程施工质量检验与评定规程》(以下简称新规程)有关施工质量合格标准

序号	项目	施工质量合格标准
1	单元(工序)工程	(1)单元(工序)工程施工质量评定标准按照《水利建设工程单元工程施工质量验收评定标准》(简称《单元工程评定标准》)或合同约定的合格标准执行。 (2)单元(工序)工程质量达不到合格标准时,应及时处理。处理后的质量等级按下列规定重新确定: ① 全部返工重做的,可重新评定质量等级。 ② 经加固补强并经设计和监理单位鉴定能达到设计要求时,其质量评为合格。 ③ 处理后的工程部分质量指标仍达不到设计要求时,经设计复核,项目法人及监理单位确认能满足安全和使用功能要求的,可不再进行处理;或经加固补强后,改变了外形尺寸或造成工程永久性缺陷的,经项目法人、监理及设计单位确认能基本满足设计要求的,其质量可定为合格,但应按规定进行质量缺陷备案
2	分部工程	(1)所含单元工程的质量全部合格。质量事故及质量缺陷已按要求处理,并经检验合格。 (2)原材料、中间产品及混凝土(砂浆)试件质量全部合格,金属结构及启闭机制造质量合格,机电产品质量合格
3	单位工程	(1)所含分部工程质量全部合格。 (2)质量事故已按要求进行处理。 (3)工程外观质量得分率达到70%以上。 (4)单位工程施工质量检验与评定资料基本齐全。 (5)工程施工期及试运行期,单位工程观测资料分析结果符合国家和行业技术标准以及合同约定的标准要求
4	工程项目	(1)单位工程质量全部合格。 (2)工程施工期及试运行期,各单位工程观测资料分析结果均符合国家和行业技术标准以及合同约定的标准要求

★高频考点:新规程有关施工质量优良标准

序号	项目	施工质量优良标准
1	单元工程	单元工程施工质量优良标准按照《单元工程评定标准》以及合同约定的优良标准执行。全部返工重做的单元工程,经检验达到优良标准时,可评为优良等级

序号	项目	施工质量优良标准
2	分部工程	（1）所含单元工程质量全部合格，其中 70% 以上达到优良等级，主要单元工程以及重要隐蔽单元工程（关键部位单元工程）质量优良率达 90% 以上，且未发生过质量事故。 （2）中间产品质量全部合格，混凝土（砂浆）试件质量达到优良等级（当试件组数小于 30 时，试件质量合格）。原材料质量、金属结构及启闭机制造质量合格，机电产品质量合格
3	单位工程	（1）所含分部工程质量全部合格，其中 70% 以上达到优良等级，主要分部工程质量全部优良，且施工中未发生过较大质量事故。 （2）质量事故已按要求进行处理。 （3）外观质量得分率达到 85% 以上。 （4）单位工程施工质量检验与评定资料齐全。 （5）工程施工期及试运行期，单位工程观测资料分析结果符合国家和行业技术标准以及合同约定的标准要求
4	工程项目	（1）单位工程质量全部合格，其中 70% 以上单位工程质量达到优良等级，且主要单位工程质量全部优良。 （2）工程施工期及试运行期，各单位工程观测资料分析结果均符合国家和行业技术标准以及合同约定的标准要求

★高频考点：新规程有关施工质量评定工作的组织要求

项目	组织要求
单元（工序）工程质量	在施工单位自评合格后，报监理单位复核，由监理工程师核定质量等级并签证认可
重要隐蔽单元工程及关键部位单元工程质量	经施工单位自评合格、监理单位抽检后，由项目法人（或委托监理）、监理、设计、施工、工程运行管理（施工阶段已经有时）等单位组成联合小组，共同检查核定其质量等级并填写签证表，报工程质量监督机构核备
分部工程质量	在施工单位自评合格后，报监理单位复核，项目法人认定。分部工程验收的质量结论由项目法人报质量监督机构核备。大型枢纽工程主要建筑物的分部工程验收的质量结论由项目法人报工程质量监督机构核定
单位工程	在施工单位自评合格后，由监理单位复核，项目法人认定。单位工程验收的质量结论由项目法人报质量监督机构核定

项目	组织要求
工程外观质量	单位工程完工后，项目法人组织监理、设计、施工及工程运行管理等单位组成工程外观质量评定组，进行工程外观质量检验评定并将评定结论报工程质量监督机构核定。参加工程外观质量评定的人员应具有工程师以上技术职称或相应执业资格。评定组人数应不少于5人，大型工程宜不少于7人
工程项目质量	在单位工程质量评定合格后，由监理单位进行统计并评定工程项目质量等级，经项目法人认定后，报质量监督机构核定

A22 水利水电工程单元工程质量等级评定标准

★高频考点：水利水电工程单元工程质量等级评定标准（以下简称新标准）中工序施工质量评定要求

合格等级标准	优良等级标准
（1）主控项目，检验结果应全部符合本标准的要求。 （2）一般项目，逐项应有70%及以上的检验点合格，且不合格点不应集中。 （3）各项报验资料应符合本标准要求	（1）主控项目，检验结果应全部符合本标准的要求。 （2）一般项目，逐项应有90%及以上的检验点合格，且不合格点不应集中。 （3）各项报验资料应符合本标准要求

★高频考点：新标准中单元工程施工质量验收评定要求

序号	项目	合格等级标准	优良等级标准
1	划分工序单元工程	（1）各工序施工质量验收评定应全部合格。 （2）各项报验资料应符合本标准要求	（1）各工序施工质量验收评定应全部合格，其中优良工序应达到50%及以上，且主要工序应达到优良等级。 （2）各项报验资料应符合本标准要求
2	不划分工序单元工程	（1）主控项目，检验结果应全部符合本标准的要求。 （2）一般项目，逐项应有70%及以上的检验点合格，且不合格点不应集中；对于河道疏浚工程，逐项应有90%及以	（1）主控项目，检验结果应全部符合本标准的要求。 （2）一般项目，逐项应有90%及以上的检验点合格，且不合格点不应集中；对于河道疏浚工程，逐项应有95%及以

序号	项目	合格等级标准	优良等级标准
2	不划分工序单元工程	上的检验点合格，且不合格点不应集中。 （3）各项报验资料应符合本标准要求	上的检验点合格，且不合格点不应集中。 （3）各项报验资料应符合本标准的要求

A23 水利工程项目法人验收的要求

★高频考点：水利工程分部工程验收的要求

序号	项目	内 容
1	组织	由项目法人（或委托监理单位）主持。验收工作组应由项目法人、勘测、设计、监理、施工、主要设备制造（供应）商等单位的代表组成
2	验收组成员	大型工程分部工程验收工作组成员应具有中级及其以上技术职称或相应执业资格；其他工程的验收工作组成员应具有相应的专业知识或执业资格。参加分部工程验收的每个单位代表人数不宜超过2名
3	条件	（1）所有单元工程已完成。 （2）已完单元工程施工质量经评定全部合格，有关质量缺陷已处理完毕或有监理机构批准的处理意见。 （3）合同约定的其他条件
4	遗留问题处理	分部工程验收遗留问题处理情况应有书面记录并有相关责任单位代表签字，书面记录应随分部工程验收鉴定书一并归档
5	成果性文件	分部工程验收的成果性文件是分部工程验收鉴定书

★高频考点：单位工程验收的基本要求

序号	项目	内 容
1	组织	由项目法人主持。验收工作组应由项目法人、勘测、设计、监理、施工、主要设备制造（供应）商、运行管理等单位的代表组成。必要时，可邀请上述单位以外的专家参加。单位工程验收工作组成员应具有中级及其以上技术职称或相应执业资格，每个单位代表人数不宜超过3名。

序号	项目	内　容
1	组织	项目法人组织单位工程验收时，应提前10个工作日通知质量和安全监督机构。主要建筑物单位工程验收应通知法人验收监督管理机关。法人验收监督管理机关可视情况决定是否列席验收会议，质量和安全监督机构应派员列席验收会议
2	条件	（1）所有分部工程已完建并验收合格。 （2）分部工程验收遗留问题已处理完毕并通过验收，未处理的遗留问题不影响单位工程质量评定并有处理意见。 （3）合同约定的其他条件。 （4）单位工程投入使用验收除应满足以上条件外，还应满足以下条件： ① 工程投入使用后，不影响其他工程正常施工，且其他工程施工不影响该单位工程安全运行。 ② 已经初步具备运行管理条件，需移交运行管理单位的，项目法人与运行管理单位已签订提前使用协议书
3	工作	（1）检查工程是否按批准的设计内容完成。 （2）评定工程施工质量等级。 （3）检查分部工程验收遗留问题处理情况及相关记录。 （4）对验收中发现的问题提出处理意见。 （5）单位工程投入使用验收除完成以上工作内容外，还应对工程是否具备安全运行条件进行检查
4	程序	（1）听取工程参建单位工程建设有关情况的汇报。 （2）现场检查工程完成情况和工程质量。 （3）检查分部工程验收有关文件及相关档案资料。 （4）讨论并通过单位工程验收鉴定书
5	成果性文件	单位工程验收的成果性文件是单位工程验收鉴定书

★高频考点：合同工程完工验收的基本要求

序号	项目	内　容
1	组织	合同工程完工验收应由项目法人主持。验收工作组应由项目法人以及与合同工程有关的勘测、设计、监理、施工、主要设备制造（供应）商等单位的代表组成
2	申请	合同工程具备验收条件时，施工单位应向项目法人提出验收申请报告。项目法人应在收到验收申请报告之日起20个工作日内决定是否同意进行验收

序号	项目	内　　容
3	条件	（1）合同范围内的工程项目已按合同约定完成。 （2）工程已按规定进行了有关验收。 （3）观测仪器和设备已测得初始值及施工期各项观测值。 （4）工程质量缺陷已按要求进行处理。 （5）工程完工结算已完成。 （6）施工现场已经进行清理。 （7）需移交项目法人的档案资料已按要求整理完毕。 （8）合同约定的其他条件
4	成果性文件	合同工程完工验收的成果性文件是合同工程完工验收鉴定书

A24　水利工程竣工验收的要求

★高频考点：验收时间及运行条件

竣工验收应在工程建设项目全部完成并满足一定运行条件后1年内进行。不能按期进行竣工验收的，经竣工验收主持单位同意，可适当延长期限，但最长不得超过6个月。一定运行条件是指：

（1）泵站工程经过一个排水或抽水期；

（2）河道疏浚工程完成后；

（3）其他工程经过6个月（经过一个汛期）至12个月。

★高频考点：竣工验收的组织及条件

序号	项目	内　　容
1	验收的组织	工程具备验收条件时，项目法人应向竣工验收主持单位提出竣工验收申请报告。竣工验收申请报告应经法人验收监督管理机关审查后报竣工验收主持单位，竣工验收主持单位应自收到申请报告后20个工作日内决定是否同意进行竣工验收
2	验收的条件	（1）工程已按批准设计全部完成。 （2）工程重大设计变更已经有审批权的单位批准。 （3）各单位工程能正常运行。 （4）历次验收所发现的问题已基本处理完毕。 （5）各专项验收已通过。 （6）工程投资已全部到位。

序号	项目	内　　容
2	验收的条件	（7）竣工财务决算已通过竣工审计，审计意见中提出的问题已整改并提交了整改报告。 （8）运行管理单位已明确，管理养护经费已基本落实。 （9）质量和安全监督工作报告已提交，工程质量达到合格标准。 （10）竣工验收资料已准备就绪

★高频考点：竣工验收会议

序号	项目	内　　容
1	竣工验收委员	竣工验收委员会可设主任委员1名，副主任委员以及委员若干名，主任委员应由验收主持单位代表担任。 竣工验收委员会应由竣工验收主持单位、有关地方人民政府和部门、有关水行政主管部门和流域管理机构、质量和安全监督机构、运行管理单位的代表以及有关专家组成。工程投资方代表可参加竣工验收委员会
2	质量结论	工程项目质量达到合格以上等级的，竣工验收的质量结论意见应为合格
3	成果性文件	竣工验收会议的成果性文件是竣工验收鉴定书

★高频考点：工程移交及遗留问题处理

序号	项目	内　　容
1	工程交接手续	（1）通过合同工程完工验收或投入使用验收后，项目法人与施工单位应在30个工作日内组织专人负责工程的交接工作，交接过程应有完整的文字记录并有双方交接负责人签字。 （2）项目法人与施工单位应在施工合同或验收鉴定书约定的时间内完成工程及其档案资料的交接工作。 （3）工程办理具体交接手续的同时，施工单位应向项目法人递交单位法定代表人签字的工程质量保修书，保修书的内容应符合合同约定的条件。保修书的主要内容有： ①合同工程完工验收情况； ②质量保修的范围和内容； ③质量保修期； ④质量保修责任； ⑤质量保修费用； ⑥其他

序号	项目	内　容
2	工程移交手续	（1）工程通过投入使用验收后，项目法人宜及时将工程移交运行管理单位管理，并与其签订工程提前启用协议。 （2）在竣工验收鉴定书印发后 60 个工作日内，项目法人与运行管理单位应完成工程移交手续。 （3）工程移交应包括工程实体、其他固定资产和工程档案资料等，应按照初步设计等有关批准文件进行逐项清点，并办理移交手续。办理工程移交，应有完整的文字记录和双方法定代表人签字

A25　水利水电工程施工工厂设施

★高频考点：主要施工工厂设施

项目	内　容
砂石料加工系统	砂石加工系统设计中应采取除尘、降低或减少噪声措施以及废水处理措施。砂石加工生产过程中产生的弃渣应运至指定地点堆存
混凝土生产系统	根据设计进度计算的高峰月浇筑强度，计算混凝土浇筑系统单位小时生产能力可按下式计算： $P=K_hQ_m/(MN)$ 式中　P——混凝土系统所需小时生产能力（m^3/h）； Q_m——高峰月混凝土浇筑强度（m^3/ 月）； M——月工作日数（d），一般取 25d； N——日工作时数（h），一般取 20h； K_h——时不均匀系数，一般取 1.5
混凝土制冷（热）系统	混凝土制冷系统：选择混凝土预冷材料时，主要考虑用集料场降温、冷水拌合、加冰搅拌、预冷集料等单项或多项综合措施，一般不把胶凝材料（水泥、粉煤灰等）选作预冷材料。 混凝土制热系统：低温季节混凝土施工时，提高混凝土拌合料温度宜用热水拌合，若加热水拌合不满足要求，方可考虑加热集料，水泥不应直接加热
施工供电系统	一类负荷：井、洞内的照明、排水、通风和基坑内的排水、汛期的防洪、泄洪设施以及医院的手术室、急诊室、重要的通信站以及其他因停电即可能造成人身伤亡或设备事故引起国家财产严重损失的重要负荷。

项目	内　　容
施工供电系统	二类负荷：除隧洞、竖井以外的土石方开挖施工、混凝土浇筑施工、混凝土搅拌系统、制冷系统、供水系统、供风系统、混凝土预制构件厂等主要设备。 三类负荷：木材加工厂、钢筋加工厂的主要设备

A26　水利水电工程施工进度计划

★高频考点：施工期的划分

序号	工程建设全过程	内　　容
1	工程筹建期	工程正式开工前，为主体工程施工具备进场开工条件所需时间，其工作内容包括，对外交通、施工供电和通信系统、施工场地征地以及移民等工作
2	工程准备期	准备工程开工起至关键线路上的主体工程开工或河道截流闭气前的工期，一般包括：场地平整、场内交通、导流工程、临时房屋和施工工厂设施建设等
3	主体工程施工期	自关键线路上的主体工程开工或河道截流闭气开始，至第一台机组发电或工程开始发挥效益为止的工期
4	工程完建期	自水利水电工程第一台发电机组投入运行或工程开始发挥效益起，至工程完工的工期

★高频考点：施工进度计划表达方法

序号	表达方法	说　　明
1	横道图	横道计划的优点是形象、直观，且易于编制和理解。存在的缺点： （1）不能明确反映出各项工作之间错综复杂的相互关系。 （2）不能明确地反映出影响工期的关键工作和关键线路。 （3）不能反映出工作所具有的机动时间。 （4）不能反映工程费用与工期之间的关系，不便于缩短工期和降低成本

序号	表达方法	说　　明
2	工程进度曲线	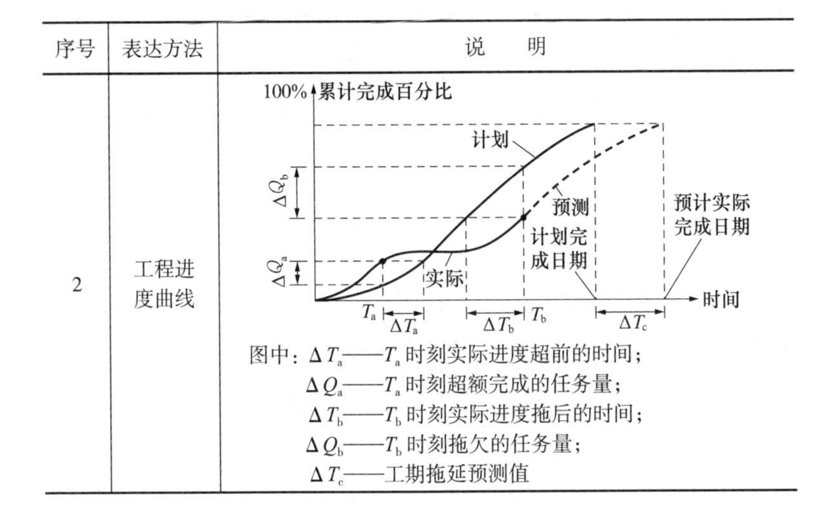 图中：ΔT_a——T_a 时刻实际进度超前的时间； ΔQ_a——T_a 时刻超额完成的任务量； ΔT_b——T_b 时刻实际进度拖后的时间； ΔQ_b——T_b 时刻拖欠的任务量； ΔT_c——工期拖延预测值

A27　水利水电工程专项施工方案

★高频考点：专项施工方案的内容

（1）工程概况：危险性较大的单项工程概况、施工平面布置、施工要求和技术保证条件等。

（2）编制依据：相关法律、法规、规章、制度、标准及图纸（国际图集）、施工组织设计等。

（3）施工计划：包括施工进度计划、材料与设备计划等。

（4）施工工艺技术：技术参数、工艺流程、施工方法、质量标准、检查验收等。

（5）施工安全保证措施：组织保障、技术措施、应急预案、监测监控等。

（6）劳动力计划：专职安全生产管理人员、特种作业人员等。

（7）设计计算书及相关图纸等。

★高频考点：专项施工方案有关程序要求

项　　目	内　　容
审核	应由施工单位技术负责人组织施工技术、安全、质量等部门的专业技术人员进行审核。

项目		内容
审核		如因设计、结构、外部环境等因素发生变化确需修改的，修改后的专项施工方案应当重新审核
签字确认	实行分包的	应由总承包单位和分包单位技术负责人共同签字确认
	不需专家论证的	经施工单位审核合格后应报监理单位，由项目总监理工程师审核签字，并报项目法人备案
	修改完善	经施工单位技术负责人、总监理工程师、项目法人单位负责人审核签字后，方可组织实施

★高频考点：达到一定规模的危险性较大的单项工程

序号	项目	规定
1	基坑支护、降水工程	开挖深度达到3（含3m）～5m或虽未超过3m但地质条件和周边环境复杂的基坑（槽）支护、降水工程
2	土方和石方开挖工程	开挖深度达到3（含3m）～5m的基坑（槽）的土方和石方开挖工程
3	模板工程及支撑体系	（1）各类工具式模板工程：包括大模板、滑模、爬模、飞模等工程。 （2）混凝土模板支撑工程：搭设高度5～8m；搭设跨度10～18m；施工总荷载10～15kN/m^2；集中线荷载15～20kN/m；高度大于支撑水平投影宽度且相对独立无联系构件的混凝土模板支撑工程。 （3）承重支撑体系：用于钢结构安装等满堂支撑体系
4	起重吊装及安装拆卸工程	（1）采用非常规起重设备、方法，且单件起吊重量在10～100kN的起重吊装工程。 （2）采用起重机械进行安装的工程。 （3）起重机械设备自身的安装、拆卸
5	脚手架工程	（1）搭设高度24～50m的落地式钢管脚手架工程。 （2）附着式整体和分片提升脚手架工程。 （3）悬挑式脚手架工程。 （4）吊篮脚手架工程。 （5）自制卸料平台、移动操作平台工程。 （6）新型及异型脚手架工程
6	其他	（1）拆除、爆破工程。 （2）围堰工程。 （3）水上作业工程。 （4）沉井工程。 （5）临时用电工程

★高频考点：超过一定规模的危险性较大的单项工程

序号	项目	规定
1	深基坑工程	（1）开挖深度超过 5m（含 5m）的基坑（槽）的土方开挖、支护、降水工程。 （2）开挖深度虽未超过 5m，但地质条件、周围环境和地下管线复杂或影响毗邻建（构）筑物安全的基坑（槽）的土方开挖、支护、降水工程
2	模板工程及支撑体系	（1）工具式模板工程：包括滑模、爬模、飞模工程。 （2）混凝土模板支撑工程：搭设高度 8m 及以上；搭设跨度 18m 及以上；施工总荷载 15kN/m² 及以上；集中线荷载 20kN/m 及以上。 （3）承重支撑体系：用于钢结构安装等满堂支撑体系，承受单点集中荷载 700kg 以上
3	起重吊装及安装拆卸工程	（1）采用非常规起重设备、方法，且单件起吊重量在 100kN 及以上的起重吊装工程。 （2）起重量 300kN 及以上的起重设备安装工程；高度 200m 及以上内爬起重设备的拆除工程
4	脚手架工程	（1）搭设高度 50m 及以上落地式钢管脚手架工程。 （2）提升高度 150m 及以上附着式整体和分片提升脚手架工程。 （3）架体高度 20m 及以上悬挑式脚手架工程
5	拆除、爆破工程	（1）采用爆破拆除的工程。 （2）可能影响行人、交通、电力设施、通信设施或其他建（构）筑物安全的拆除工程。 （3）文物保护建筑、优秀历史建筑或历史文化风貌区控制范围的拆除工程
6	其他	（1）开挖深度超过 16m 的人工挖孔桩工程。 （2）地下暗挖工程、顶管工程、水下作业工程。 （3）采用新技术、新工艺、新材料、新设备及尚无相关技术标准的危险性较大的单项工程

A28　劳动安全与工业卫生的内容

★高频考点：《水利水电工程施工安全防护设施技术规范》SL 714—2015 规定

（1）线路穿越道路或易受机械损伤的场所时必须设有套管防护。管内不得有接头，其管口应密封。

（2）载人提升机械应设置下列安全装置，并保持灵敏可靠：

① 上限位装置（上限位开关）。

② 上极限限位装置（越程开关）。

③ 下限位装置（下限位开关）。

④ 断绳保护装置。

⑤ 限速保护装置。

⑥ 超载保护装置。

（3）在有毒有害气体可能泄漏的作业场所，应配置必要的防毒护具，以备急用，并应及时检查、维护、更换，保证其始终处在良好的待用状态。

（4）氨压机车间还应符合下列规定：

① 控制盘柜与氨压机应分开隔离布置，并符合防火防爆要求。

② 所有照明、开关、取暖设施等应采用防爆电器。

③ 设有固定式氨气报警仪。

④ 配备有便携式氨气检测仪。

⑤ 设置应急疏散通道并明确标识。

★高频考点：《水利水电工程施工通用安全技术规程》SL 398—2007 规定

（1）施工作业噪声传至有关区域的允许标准应符合下表规定。

类　　别	等效声级限值［dB（A）］	
	昼间	夜间
以居住、文教机关为主的区域	55	45
居住、商业、工业混杂区及商业中心区	60	50
工业区	65	55
交通干线道路两侧	70	55

（2）工程建设各单位应建立职业卫生管理规章制度和施工人员职业健康档案，对从事尘、毒、噪声等职业危害的人员应每年进行一次职业体检，对确认职业病的职工应及时给予治疗，并调离原工作岗位。

B 级 知 识 点

（应知考点）

B1 渗流分析

★高频考点：渗透系数

序号	项目	内 容
1	渗透系数的确定	渗透系数的大小主要取决于土的颗粒形状、大小、不均匀系数及水温，一般采用经验法、室内测定法、野外测定法确定
2	渗透系数的计算	渗透系数 k 的计算公式如下： $$k=\frac{QL}{AH}$$ 式中 Q——实测的流量（m^3/s）； A——通过渗流的土样横断面面积（m^2）； L——通过渗流的土样高度（m）； H——实测的水头损失（m）

★高频考点：渗透变形

序号	项 目		内 容
1	基本形式	管涌	在渗流作用下，非黏性土土体内的细小颗粒沿着粗大颗粒间的孔隙通道移动或被渗流带出，致使土层中形成孔道而产生集中涌水的现象称为管涌
		流土	在渗流作用下，非黏性土土体内的颗粒群同时发生移动的现象；或者黏性土土体发生隆起、断裂和浮动等现象，都称为流土
		接触冲刷	当渗流沿着两种渗透系数不同的土层接触面或建筑物与地基的接触面流动时，在接触面处的土壤颗粒被冲动而产生的冲刷现象称为接触冲刷
		接触流失	在层次分明、渗透系数相差悬殊的两层土中，当渗流垂直于层面时，将渗透系数小的一层中的细颗粒带到渗透系数大的一层中的现象称为接触流失
2	防止渗透变形的工程措施		（1）设置水平与垂直防渗体，增加渗径的长度，降低渗透坡降或截阻渗流。 （2）设置排水沟或减压井，以降低下游渗流口处的渗透压力，并且有计划地排除渗水。 （3）对有可能发生管涌的地段，应铺设反滤层，拦截可能被渗流带走的细小颗粒。 （4）对有可能产生流土的地段，则应增加渗流出口处的盖重。盖重与保护层之间也应铺设反滤层

序号	项目	内容
3	反滤层和过渡层	反滤层的作用是滤土排水，防止在水工建筑物渗流出口处发生渗透变形。 过渡层的作用是避免在刚度相差较大的两种土料之间产生急剧变化的变形和应力

B2 截流方法

★高频考点：截流方式的选择

截流方式应综合分析水力学参数、施工条件和截流难度、抛投材料数量和性质、抛投强度等因素，进行技术经济比较，并应根据下列条件选择：

（1）截流落差不超过4.0m时，宜选择单戗立堵截流。当龙口水流较大，流速较高，应制备特殊抛投材料。

（2）截流流量大且落差大于4.0m和龙口水流能量较大时，可采用双戗、多戗或宽戗立堵截流。

★高频考点：减小截流难度的技术措施

序号	技术措施	内容
1	加大分流量，改善分流条件	（1）合理确定导流建筑物尺寸、断面形式和底高程。 （2）确保泄水建筑物上下游引渠开挖和上下游围堰拆除的质量。 （3）在永久泄水建筑物泄流能力不足时，可以专门修建截流分水闸或其他形式泄水道帮助分流，待截流完成后，借助于闸门封堵泄水闸，最后完成截流任务。 （4）增大截流建筑物的泄水能力
2	改善龙口水力条件	龙口水力条件是影响截流的重要因素，改善龙口水力条件的措施有双戗截流、三戗截流、宽戗截流、平抛垫底等
3	增大抛投料的稳定性，减少块料流失	增大抛投料的稳定性，减少块料流失的主要措施有采用特大块石、葡萄串石、钢构架石笼、混凝土块体（包括四面体、六面体、四脚体、构架）等来提高投抛体的本身稳定。也可在龙口下游平行于戗堤轴线设置一排拦石坎来保证抛投料的稳定，防止抛投料的流失

序号	技术措施	内　　容
4	加大截流施工强度	加大截流施工强度，加快施工速度，可减少龙口的流量和落差，起到降低截流难度的作用，并可减少投抛料的流失。加大截流施工强度的主要措施有加大材料供应量、改进施工方法、增加施工设备投入等
5	合理选择截流时段	截流年份应结合施工进度的安排来确定。截流年份内截流时段一般选择在枯水期开始时，流量有明显下降的时候，不一定是流量最小的时段。截流开始时间应尽可能提前进行，保证汛前围堰达到防汛要求。在通航的河道上截流，宜选择对通航影响较小的时段。有冰凌的河道上，截流不应选择在有流冰及封冻的时段。合龙所需时间一般从数小时到几天

B3　基坑排水技术

★高频考点：基坑排水

序号	项目		内　　容
1	初期排水	排水量	初期排水总量应按围堰闭气后的基坑积水量、抽水过程中围堰及地基渗水量、堰身及基坑盖层中的含水量，以及可能的降水量等组成计算
		排水时间	排水时间的确定，应考虑基坑工期的紧迫程度、基坑水位允许下降的速度、各期抽水设备及相应用电负荷的均匀性等因素，进行比较后选定。一般情况下，大型基坑可采用 5 ～ 7d，中型基坑可采用 3 ～ 5d
2	经常性排水		经常性排水应分别计算围堰和地基在设计水头的渗流量、覆盖层中的含水量、排水时降水量及施工弃水量

B4　地基基础的要求及地基处理的方法

★高频考点：地基基础的要求

序号	项目	内　　容
1	水工建筑物的地基分类	（1）岩基是由岩石构成的地基，又称硬基。 （2）软基是由淤泥、壤土、砂、砂砾石、砂卵石等构成的地基。又可细分为砂砾石地基、软土地基。 ① 砂砾石地基是由砂砾石、砂卵石等构成的地基，它的空隙大，孔隙率高，因而渗透性强。

序号	项目	内　容
1	水工建筑物的地基分类	② 软土地基是由淤泥、壤土、粉细砂等细微粒子的土质构成的地基。这种地基具有孔隙率大、压缩性大、含水量大、渗透系数小、水分不易排出、承载能力差、沉陷大、触变性强等特点，在外界的影响下很易变形
2	水工建筑物对地基基础的基本要求	（1）具有足够的强度。 （2）具有足够的整体性和均一性。 （3）具有足够的抗渗性。 （4）具有足够的耐久性

★高频考点：地基处理的方法

序号	方法	内　容
1	开挖	开挖处理是将不符合设计要求的覆盖层、风化破碎有缺陷的岩层挖掉，是地基处理最通用的方法
2	灌浆	灌浆是利用灌浆泵的压力，通过钻孔、预埋管路或其他方式，把具有胶凝性质的材料（水泥）和掺合料（如黏土等）与水搅拌混合的浆液或化学溶液灌注到岩石、土层中的裂隙、洞穴或混凝土的裂缝、接缝内，以达到加固、防渗等工程目的的技术措施
3	防渗墙	防渗墙是使用专用机具钻凿圆孔或直接开挖槽孔，以泥浆固壁，孔内浇灌混凝土或其他防渗材料等，或安装预制混凝土构件，而形成连续的地下墙体。也可用板桩、灌注桩、旋喷桩或定喷桩等各类桩体连续形成防渗墙
4	置换法	置换法是将建筑物基础底面以下一定范围内的软弱土层挖去，换填无侵蚀性及低压缩性的散粒材料，从而加速软土固结的一种方法
5	排水法	排水法是采取相应措施如砂垫层、排水井、塑料多孔排水板等，使软基表层或内部形成水平或垂直排水通道，然后在土壤自重或外荷压载作用下，加速土壤中水分的排除，使土壤固结的一种方法
6	挤实法	挤实法是将某些填料如砂、碎石或生石灰等用冲击、振动或两者兼而有之的方法压入土中，形成一个个的柱体，将原土层挤实，从而增加地基强度的一种方法
7	桩基础	可将建筑物荷载传到深部地基，起增大承载力，减小或调整沉降等作用。桩基础有打入桩、灌注桩、旋喷桩及深层搅拌桩

序号	方法	内容
8	锚固	将受拉杆件的一端固定于岩（土）体中，另一端与工程结构相连接，利用锚固结构的抗剪、抗拉强度，改善岩土力学性质，增强抗剪强度，对地基与结构物起到加固作用的技术
9	沉井基础	水闸基础遇开挖困难的淤泥、流沙时，适宜采用沉井基础。沉井是置于闸基内的筒状结构物，在平面上为矩形或四角修圆的矩形
10	强夯	将重锤从高处自由落下产生的强大冲击力来夯实地基，对砂性土地基效果较好，夯点的平面布置一般为正方形或三角形

B5　土方开挖技术

★高频考点：土方开挖技术

序号	项目				内容
1	开挖方式				土方开挖的开挖方式包括自上而下开挖、上下结合开挖、先岸坡后河槽开挖和分期分段开挖等
2	开挖方法	机械开挖	挖掘机	正铲挖掘机	土石方开挖中最常用的机械，具有强力推力装置，能挖各种坚实土和破碎后的岩石，适用于开挖停机面以上的土石方，也可挖掘停机面以下不深的土方，但不能用于水下开挖
				反铲挖掘机	反铲挖掘机每一作业循环包括挖掘、回转、卸料和返回四个过程
				索铲挖掘机	又称拉铲挖掘机，主要用于开挖停机面以下的土料，适用于坑槽挖掘，也可水下掏掘土石料
				抓斗挖掘机	又称抓铲挖掘机，用钢绳牵拉，灵活性较差，工效不高，不能挖掘坚硬土；可以装在简易机械上工作，使用方便
			装载机		装载机是应用较广泛的土石方施工机械，与挖掘机比较，它不仅能进行挖装作业，而且能进行集渣、装载、推运、平整、起重及牵引等工作，生产率较高，购置费用低
			推土机		推土机是工地上用得最多的一种机械。它能平整场地、边坡与道路，开挖基坑、集料与浅沟渠，回填沟槽，以及推树拔根等

序号	项目		内容	
2	开挖方法	机械开挖	铲运机	适用于挖方深度和填方高度均不大，开挖Ⅰ～Ⅱ级土（Ⅲ、Ⅳ级土需翻松），运距不远（600～1500m）的情况。 铲运机是一种循环作业机械，由铲土、运土、卸土、回驶四个过程组成
		人工开挖	在不具备采用机械开挖的条件下或在机械设备不足的情况下，一般采用人工开挖。 闸坝基础开挖中，应特别注意做好排水工作。在安排施工程序时，应先挖出排水沟，然后再分层下挖。临近设计高程时，应留出0.2～0.3m的保护层暂不开挖，待上部结构施工时，再予以挖除	

B6 土石坝填筑的施工方法

★高频考点：土石坝填筑的施工方法

序号	项目	内容
1	碾压土石坝的施工作业	（1）准备作业。包括“四通一平”（通车、通水、通电、通信、平整场地）、修建生产、生活福利、行政办公用房以及排水清基等工作。 （2）基本作业。包括料场土石料开采，挖、装、运、卸以及坝面作业等。 （3）辅助作业。辅助作业是保证准备及基本作业顺利进行，创造良好工作条件的作业，包括清除施工场地及料场的覆盖，从上坝土料中剔除超径石块、杂物，坝面排水、层间刨毛和加水等。 （4）附加作业。附加作业是保证坝体长期安全运行的防护及修整工作，包括坝坡修整，铺砌护面块石及铺植草皮等
2	铺料与整平	（1）铺料宜平行坝轴线进行，铺土厚度要均匀，超径不合格的料块应打碎，杂物应剔除。进入防渗体内铺料，自卸汽车卸料宜用进占法倒退铺土，使汽车始终在松土上行驶，避免在压实土层上开行，造成超压，引起剪力破坏。 （2）按设计厚度铺料整平是保证压实质量的关键。 （3）黏性土料含水量偏低，主要应在料场加水，若需在坝面加水，应力求“少、勤、匀”，以保证压实效果。对非黏性土料，为防止运输过程脱水过量，加水工作主要在坝面进行。石渣料和砂砾料压实前应充分加水，确保压实质量。

序号	项目	内　容
2	铺料与整平	（4）对于汽车上坝或光面压实机具压实的土层，应刨毛处理，以利层间结合
3	碾压	碾压方式主要取决于碾压机械的开行方式。碾压机械的开行方式通常有：进退错距法和圈转套压法两种

B7　坝体填筑施工

★高频考点：堆石坝填筑工艺

序号	项目	内　容
1	堆石料铺筑	坝体堆石料铺筑宜采用进占法，必要时可采用自卸汽车后退法与进占法结合卸料，应及时平料，并保持填筑面平整，每层铺料后宜测量检查铺料厚度，发现超厚应及时处理
2	垫层料的摊铺	垫层料的摊铺多用后退法，以减轻物料的分离。当压实层厚度大时，可采用混合法卸料，即先用后退法卸料呈分散堆状，再用进占法卸料铺平，以减轻物料的分离
3	堆石料碾压	坝体堆石料碾压应采用振动平碾，其工作质量不小于10t。高坝宜采用重型振动碾，振动碾行进速度宜小于3km/h

★高频考点：堆石坝的压实参数和质量控制

序号	项目	内　容
1	压实参数	填筑标准应通过碾压试验复核和修正，并确定相应的碾压施工参数（碾重、行车速率、铺料厚度、加水量、碾压遍数）
2	堆石坝施工质量控制	（1）坝料压实质量检查，应采用碾压参数和干密度（孔隙率）等参数控制，以控制碾压参数为主。 （2）铺料厚度、碾压遍数、加水量等碾压参数应符合设计要求，铺料厚度应每层测量，其误差不宜超过层厚的10%。 （3）垫层料、过渡料和堆石料压实干密度检测方法，宜采用挖坑灌水（砂）法，或辅以其他成熟的方法。垫层料也可用核子密度仪法。 垫层料试坑直径不小于最大料径的4倍，试坑深度为碾压层厚。 过渡料试坑直径为最大料径的3～4倍，试坑深度为碾压层厚。 堆石料试坑直径为坝料最大料径的2～3倍，试坑直径最大不超过2m。试坑深度为碾压层厚

B8 混凝土的浇筑与养护

★高频考点：浇筑前的准备工作

序号	项目	内　　容
1	基础面处理	对于砂砾地基，应清除杂物，整平建基面，再浇 10 ～ 20cm 低强度等级的混凝土作垫层，以防漏浆；对于土基应先铺碎石，盖上湿砂，压实后，再浇混凝土；对于岩基，在爆破后，用人工清除表面松软岩石、棱角和反坡，并用高压水枪冲洗，若粘有油污和杂物，可用金属丝刷洗，直至洁净为止，最后，再用高压风吹至岩面无积水，经质检合格，才能开仓浇筑
2	施工缝处理	施工缝指浇筑块间临时的水平和垂直结合缝，也是新老混凝土的结合面。在新混凝土浇筑前，应当采用适当的方法（高压水枪、风沙枪、风镐、钢刷机、人工凿毛等）将老混凝土表面含游离石灰的水泥膜（乳皮）清除，并使表层石子半露，形成有利于层间结合的麻面。对纵缝表面可不凿毛，但应冲洗干净，以利灌浆。采用高压水冲毛，视气温高低，可在浇筑后 5 ～ 20h 进行；当用风砂枪冲毛时，一般应在浇后一两天进行。施工缝面凿毛或冲毛后，应用压力水冲洗干净，使其表面无碴、无尘，才能浇筑混凝土

★高频考点：入仓铺料

序号	项目		内　　容
1	铺料方法	平铺法	混凝土入仓铺料时，整个仓面铺满一层振捣密实后，再铺筑下一层，逐层铺筑，称为平铺法
		台阶法	混凝土入仓铺料时，从仓位短边一端向另一端铺料，边前进边加高，逐层向前推进，并形成明显的台阶，直至把整个仓位浇到收仓高程
		斜层浇筑法	斜层浇筑法是在浇筑仓面，从一端向另一端推进，推进中及时覆盖，以免发生冷缝。当浇筑块较薄，且对混凝土采取预冷措施时，斜层浇筑法是较常见的方法，因浇筑过程中混凝土冷量损失较小
2	分块尺寸和铺层厚度		分块尺寸和铺层厚度受混凝土运输浇筑能力的限制，若分块尺寸和铺层厚度已定，要使层间不出现冷缝，应采取措施增大运输浇筑能力。为避免砂浆流失、集料分离，此时宜采用低坍落度混凝土

序号	项目	内　　容
3	铺料间隔时间	混凝土铺料允许间隔时间，指混凝土自拌合楼出机口到覆盖上层混凝土为止的时间，它主要受混凝土初凝时间和混凝土温控要求的限制

★高频考点：平仓与振捣

序号	项目	内　　容
1	平仓	卸入仓内成堆的混凝土料，按规定要求均匀铺平称为平仓。平仓可用插入式振捣器插入料堆顶部振动，使混凝土液化后自行摊平，也可用平仓振捣机进行平仓振捣
2	振捣	振捣应当在平仓后立即进行。混凝土振捣主要采用混凝土振捣器进行。按照振捣方式不同，分为插入式、外部式、表面式以及振动台等。其中，外部式适用于尺寸小且钢筋密的结构。表面式适用于薄层混凝土振捣

★高频考点：混凝土养护

<table>
<tr><th>序号</th><th colspan="2">项　　目</th><th colspan="2">内　　容</th></tr>
<tr><td rowspan="5">1</td><td rowspan="5">养护方法和适用条件</td><td rowspan="3">洒水养护</td><td>人工洒水</td><td>适用于任何部位，有利于控制水流，可防止长流水对机电安装的影响</td></tr>
<tr><td>自流养护</td><td>由于受水压力、混凝土表面平整度以及蒸发速度的影响，养护效果不稳定，必要时需辅以人工洒水养护</td></tr>
<tr><td>机具喷洒</td><td>利用供水管道中的水压力推动固定在支架上的特殊喷头，在混凝土表面进行旋喷和摆喷</td></tr>
<tr><td>覆盖养护</td><td colspan="2">对于已浇筑到顶部的平面和长期停浇的部位，可采用覆盖养护</td></tr>
<tr><td>化学剂养护</td><td colspan="2">养护剂可分为成膜型和非成膜型两类，前者在混凝土表面形成不透水的薄膜，阻止水分蒸发，后者依靠渗透、毛细管作用，达到养护混凝土的目的</td></tr>
<tr><td>2</td><td colspan="2">养护时间</td><td colspan="2">混凝土养护时间，不宜少于 28d，有特殊要求的部位宜延长养护时间（至少 28d）</td></tr>
</table>

B9 混凝土坝施工的分缝分块

★高频考点：重力坝分缝分块

分　缝	图　示	分　缝	图　示
竖缝分块		斜缝分块	
错缝分块		水平施工缝	

★高频考点：分缝的特点

序号	项目	内　容
1	横缝分段	（1）横缝一般是自地基垂直贯穿至坝顶，在上、下游坝面附近设置止水系统。 （2）有灌浆要求的横缝，缝面一般设置竖向梯形键槽。 （3）不灌浆的横缝，接缝之间通常采用沥青杉木板、泡沫塑料板或沥青填充
2	竖缝分块	（1）在施工中为了避免冷缝，块体大小必须与混凝土制备、运输和浇筑的生产能力相适应，即要保证在混凝土初凝时间内所浇的混凝土方量，必须等于或大于块体的一个浇筑层的混凝土方量。 （2）采用竖缝分块时，纵缝间距越大，块体水平断面越大，则纵缝数目和缝的总面积越小。接缝灌浆及模板作业的工作量也就越少，但要求温控越严，否则可能引起裂缝。从混凝土坝施工发展趋势看，是朝着尽量加大纵缝间距，减少纵缝数目，直至取消纵缝进行通仓浇筑的方向发展。 （3）浇块高度一般在 3m 以内
3	斜缝分块	（1）斜缝不能直通到坝的上游面，以避免库水渗入缝内。 （2）斜缝分块，施工中要注意均匀上升和控制相邻块的高差。高差过大将导致两块温差过大，易于在后浇块的接触面上产生不利的拉应力而裂缝。遇特殊情况，如作临时断面挡水，

序号	项目	内　　容
3	斜缝分块	下游块进度赶不上而出现过大高差时，则应在下游块采取较严的温控措施，减少两块温差，避免裂缝，保持坝体整体性。 （3）斜缝分块，坝块浇筑的先后程序，有一定的限制，必须是上游块先浇，下游块后浇，不如纵缝分块在浇筑先后程序上的机动灵活
4	错缝分块	（1）坝体尺寸较小，一般长 8 ～ 14m，分层厚度 1 ～ 4m。 （2）缝面一般不灌浆，但在重要部位如水轮机蜗壳等重要部位需要骑缝钢筋，垂直缝和水平施工缝上必要时需设置键槽。 （3）水平缝的搭接部分一般为层厚的 1/3 ～ 1/2，且搭接部分的水平缝要求抹平，以减少坝块两端的约束。块体浇筑的先后次序，需按一定规律排列，对施工进度影响较大
5	通仓绕筑	（1）坝体整体性好，有利于改善坝踵应力状态。 （2）免除了接缝灌浆、减少了模板工程量，节省工程费用，有利于加快施工进度。 （3）仓面面积增大，有利于提高机械化水平，充分发挥大型、先进机械设备的效率。 （4）浇块尺寸大，温控要求高

B10　碾压混凝土坝的施工质量控制

★高频考点：混凝土坝的施工质量控制要点

序号	项目	内　　容
1	碾压时拌合料干湿度的控制	碾压混凝土的干湿度一般用 VC 值来表示。VC 值太小表示拌合太湿，振动碾易沉陷，难以正常工作。VC 值太大表示拌合料太干，灰浆太少，集料架空，不易压实。但混凝土入仓料的干湿又与气温、日照、辐射、湿度、蒸发量、雨量、风力等自然因素相关，碾压时难以控制。现场 VC 值的测定可以采用 VC 仪或凭经验手感测定
2	卸料、平仓、碾压中的质量控制	卸料、平仓、碾压，主要应保证层间结合良好。卸料、铺料厚度要均匀，减少集料分离，使层内混凝土料均匀，以利于充分压实。卸料、平仓、碾压的质量要求与控制措施是： （1）要避免层间间歇时间太长，防止冷缝发生。 （2）防止集料分离和拌合料过干。 （3）为了减少混凝土分离，卸料落差不应大于 2m，堆料高不大于 1.5m。

序号	项目	内　　容
2	卸料、平仓、碾压中的质量控制	（4）入仓混凝土及时摊铺和碾压。相对压实度是评价碾压混凝土压实质量的指标，对于建筑物的外部混凝土相对压实度不得小于98%，对于内部混凝土相对压实度不得小于97%。 （5）常态混凝土和碾压混凝土结合部的压实控制，无论采用“先碾压后常态”还是“先常态后碾压”或两种混凝土同步入仓，都必须对两种混凝土结合部重新碾压。 （6）每一碾压层至少在6个不同地点、每2h至少检测一次
3	碾压混凝土的养护和防护	（1）大风、干燥、高温气候下施工时，可采取仓面喷雾措施，防止混凝土表面水分散失。 （2）正在施工和刚碾压后仓面，应防止外来水流入。 （3）混凝土终凝后应立即进行洒水养护。其中，水平施工缝养护持续至上一层碾压混凝土开始铺筑。永久外露面，宜养护28d以上

★高频考点：混凝土坝的质量控制手段

序号	项目	控制手段
1	碾压混凝土生产过程	在碾压混凝土生产过程中，常用VeBe仪测定碾压混凝土的稠度，以控制配合比
2	碾压过程	在碾压过程中，可使用核子密度仪测定碾压混凝土的湿密度和压实度，对碾压层的均匀性进行控制。每铺筑碾压混凝土100～200m^2至少应有一个检测点，每层应有3个以上检测点，测试宜在压实后1h内进行
3	碾压混凝土的强度控制	碾压混凝土的强度在施工过程中是以监测密度进行控制的，并通过钻孔取芯样校核其强度是否满足设计要求。钻孔取样评定的内容如下： （1）芯样获得率：评价碾压混凝土的均质性。 （2）压水试验：评定碾压混凝土抗渗性。 （3）芯样的物理性力学性能试验：评定碾压混凝土的均质性和力学性能。 （4）芯样外观描述：评定碾压混凝土的均质性和密实性

B11 堤身填筑施工方法

★高频考点：填筑作业面的要求

（1）地面起伏不平时，应按水平分层由低处开始逐层填筑，不得顺坡铺填；堤防横断面上的地面坡度陡于1∶5时，应将地面坡度削至缓于1∶5。

（2）分段作业面长度，机械施工时段长不应小于100m，人工施工时段长可适当减短。

（3）作业面应分层统一铺土、统一碾压，严禁出现界沟，上、下层的分段接缝应错开。

（4）在软土堤基上筑堤时，如堤身两侧设有压载平台，两者应按设计断面同步分层填筑，严禁先筑堤身后压载。

（5）相邻施工段的作业面宜均衡上升，段间出现高差，应以斜坡面相接，结合坡度为1∶5～1∶3。

（6）已铺土料表面在压实前被晒干时，应洒水润湿或铲除。

（7）用光面碾碾压实黏性土填筑层，在新层铺料前，应对压光面作刨毛处理。

（8）施工中若发现局部“弹簧土”、层间光面、层间中空、松土层或剪切破坏等现象时应及时处理，并经检验合格后方可铺填新土。

（9）施工过程中应保证观测设备的埋设安装和测量工作的正常进行；并保护观测设备和测量标志完好。

（10）在软土地基上筑堤，或用较高含水量土料填筑堤身时，应严格控制施工速度，必要时应在地基、坡面设置沉降和位移观测点，根据观测资料分析结果，指导安全施工。

（11）对占压堤身断面的上堤临时坡道作补缺口处理，应将已板结老土刨松，与新铺土料统一按填筑要求分层压实。

（12）堤身全段面填筑完成后，应作整坡压实及削坡处理，并对堤防两侧护堤地面的坑洼处进行铺填平整。

★高频考点：铺料作业的要求

（1）应按设计要求将土料铺至规定部位，严禁将砂（砾）料或其他透水料与黏性土料混杂，上堤土料中的杂质应予清除。

（2）铺料要求均匀、平整。每层的铺料厚度和土块直径的限制尺寸应通过现场试验确定。

（3）土料或砾质土可采用进占法或后退法卸料，砂砾料宜用后退法卸料；砂砾料或砾质土卸料时如发生颗粒分离现象，应将其拌合均匀。

（4）堤边线超填余量，机械施工宜为30cm，人工施工宜为10cm。

（5）土料铺填与压实工序应连续进行，以免土料含水量变化过大影响填筑质量。

★高频考点：压实作业要求

（1）施工前，先做碾压试验，确定机具、碾压遍数、铺土厚度、含水量、土块限制直径，以保证碾压质量达到设计要求。

（2）分段碾压，各段应设立标志，以防漏压、欠压、过压。

（3）碾压行走方向，应平行于堤轴线。

（4）分段、分片碾压，相邻作业面的搭接碾压宽度，平行堤轴线方向不应小于0.5m；垂直堤轴线方向不应小于3m。

（5）拖拉机带碾磙或振动碾压实作业，宜采用进退错距法，碾迹搭压宽度应大于10cm；铲运机兼作压实机械时，宜采用轮迹排压法，轮迹应搭压轮宽的1/3。

（6）机械碾压应控制行走速度：平碾≤2km/h，振动碾≤2km/h，铲运机为2挡。

（7）碾压时必须严格控制土料含水率。土料含水率应控制在最优含水率±3%范围内。

（8）砂砾料压实时，洒水量宜为填筑方量的20%～40%；中细砂压实的洒水量，宜按最优含水量控制；压实施工宜用履带式拖拉机带平碾、振动碾或气胎碾。

B12　水闸的分类及组成

★高频考点：水闸的类型

序号	划分标准	内　　容
1	按承担的任务分类	分为节制闸、进水闸、分洪闸、排水闸、挡潮闸、冲沙闸（排沙闸）、排冰闸、排污闸
2	按闸室结构形式分类	（1）开敞式：过闸水流表面不受阻挡，泄流能力大。 （2）胸墙式：闸门上方设有胸墙，可以减少挡水时闸门上的力，增加挡水变幅。 （3）涵洞式：闸门前为有压或无压洞身，洞顶有填土覆盖。多用于小型水闸

★高频考点：水闸的组成

序号	组成	内　　容
1	上游连接段	上游连接段用以引导水流平顺地进入闸室，保护两岸及河床免遭冲刷，并与闸室等共同构成防渗地下轮廓，确保在渗流作用下两岸和闸基的抗渗稳定性。一般包括上游翼墙、铺盖、上游防冲槽和两岸的护坡等
2	闸室	闸室包括闸门、闸墩、边墩（岸墙）、底板、胸墙、工作桥、交通桥、启闭机等，控制水位和流量，兼有防渗防冲的作用。 闸门的作用：用来控制过闸流量。 闸墩的作用：分隔闸孔和支承闸门、胸墙、工作桥、交通桥。 胸墙的作用：帮助闸门挡水。 底板的作用：用以将闸室上部结构的重量及荷载传至地基，兼有防渗和防冲的作用。 工作桥和交通桥的作用：用来安装启闭设备、操作闸门和联系两岸交通
3	下游连接段	下游连接段用以消除过闸水流的剩余能量，引导出闸水流均匀扩散，调整流速分布和减缓流速，防止水流出闸后对下游的冲刷。一般包括消力池、护坦、海漫、下游防冲槽以及下游翼墙和两岸的护坡等

B13 水闸主体结构的施工方法

★高频考点：水闸混凝土施工

序号	项目	内容
1	水闸混凝土施工原则	混凝土工程的施工宜掌握以闸室为中心，按照“先深后浅、先重后轻、先高后矮、先主后次”的原则进行
2	平底板施工	水闸底板有平底板与反拱底板两种，平底板为常用底板。 平底板的施工总是底板先于墩墙，而反拱底板的施工一般是先浇墩墙，预留连接钢筋，待沉降稳定后再浇反拱底板。 水闸平底板的混凝土浇筑，一般采用逐层浇筑法。 平底板混凝土的浇筑，一般先浇上、下游齿墙，然后再从一端向另一端浇筑。当底板混凝土方量较大，且底板顺水流长度在 12m 以内时，可安排两个作业组分层通仓浇筑
3	施工缝施工	（1）可采用凿毛、冲毛或刷毛等方法处理、清除表层的水泥浆薄膜和松散软弱层，并冲洗干净，排除积水。 （2）混凝土强度达到 2.5MPa 后，方可进行浇筑上层混凝土的准备工作；浇筑前，水平缝应铺厚 10 ～ 20mm 的同配合比的水泥砂浆，垂直缝应随浇筑层刷水泥浆或界面剂

★高频考点：止水设施的施工

序号	项目	内容	
1	沉降缝填料的施工	填充材料	常用的有沥青油毛毡、沥青杉木板、泡沫板及密封胶等多种
		安装方法	方法一：将填充材料用铁钉固定在模板内侧后，再浇筑混凝土，这样拆模后填充材料即可贴在混凝土上，然后立沉陷缝的另一侧模板和浇筑混凝土。如果沉降缝两侧的结构需要同时浇筑，则沉降缝的填充材料在安装时要竖立平直，浇筑时沉降缝两侧流态混凝土的上升高度要一致。 方法二：先在缝的一侧立模浇筑混凝土，并在模板内侧预先钉好安装填充材料的长铁钉数排，并使铁钉的 1/3 留在混凝土外面，然后安装填料、敲弯铁尖，使填料固定在混凝土面上，再立另一侧模板和浇筑混凝土

序号	项目	内　　容
2	止水材料	常用的止水片材料：紫铜片、橡胶、聚氯乙烯（塑料）等。 塑料和橡胶止水带应避免油污和长期暴晒。塑料止水片的接头宜用电热熔接牢固。止水片的安设宜嵌固，不应使用钉子
3	止水缝部位的混凝土浇筑	浇筑止水缝部位混凝土的注意事项包括： （1）水平止水片应在浇筑层的中间，在止水片高程处，不得设置施工缝。 （2）浇筑混凝土时，不得冲撞止水片，当混凝土将淹没止水片时，应再次清除其表面污垢。 （3）振捣器不得触及止水片。 （4）嵌固止水片的模板应适当推迟拆模时间

★高频考点：平面闸门门槽施工

序号	项目	内　　容
1	门槽垂直度控制	门槽及导轨必须垂直无误，所以在立模及浇筑过程中应随时用吊锤校正。校正时，可在门槽模板顶端内侧钉一根大铁钉（钉入2/3长度），然后把吊锤系在铁钉端部，待吊锤静止后，用钢尺量取上部与下部吊锤线到模板内侧的距离，如相等则该模板垂直，否则按照偏斜方向予以调正
2	门槽二期混凝土浇筑	导轨安装前，要对基础螺栓进行校正，安装过程中必须随时用垂球进行校正，使其铅直无误。导轨就位后即可立模浇筑二期混凝土。 闸门底槽设在闸底板上，在施工初期浇筑底板时，若铁件不能完成，亦可在闸底板上留槽以后浇二期混凝土。 浇筑二期混凝土时，应采用补偿收缩细石混凝土，并细心捣固，不要振动已装好的金属构件。门槽较高时，不要直接从高处下料，可以分段安装和浇筑。二期混凝土拆模后，应对埋件进行复测，并做好记录，同时检查混凝土表面尺寸，清除遗留的杂物、钢筋头，以免影响闸门启闭

B14　水轮发电机组与水泵机组安装

★高频考点：水轮机的类型

序号	项目		内　　容
1	反击式水轮机	混流式	混流式水轮机的水流从四周沿径向进入转轮，然后近似以轴向流出转轮。混流式水轮机应用水头范围广（约为 20 ～ 700m）、结构简单、运行稳定且效率高，是现代应用最广泛的一种水轮机
		轴流式	轴流式水轮机水流在导叶与转轮之间由径向流动转变为轴向流动，而在转轮区内水流保持轴向流动。轴流式水轮机的应用水头约为 3 ～ 80m。 轴流式水轮机在中低水头、大流量水电站中得到了广泛应用
		斜流式	斜流式水轮机水流在转轮区内沿着与主轴成某一角度的方向流动。斜流式水轮机的转轮叶片大多做成可转动的形式，具有较宽的高效率区，适用水头约为 40 ～ 200m。其结构形式及性能特征与轴流转桨式水轮机类似，但由于其倾斜桨叶操作机构的结构特别复杂，加工工艺要求和造价均较高，一般较少使用
		贯流式	贯流式水轮机是一种流道近似为直筒状的卧轴式水轮机，水流在流道内基本上沿轴向运动，提高了过流能力和水力效率。根据其发电机装置形式的不同，可分为全贯流式和半贯流式两类。 贯流式水轮机的适用水头为 1 ～ 25m。它是低水头、大流量水电站的一种专用机型，由于其卧轴式布置及流道形式简单，所以土建工程量少，施工简便，因而在开发平原地区河道和沿海地区潮汐等水力资源中得到较为广泛的应用
2	冲击式水轮机	水斗式	从喷嘴出来的高速自由射流沿转轮圆周切线方向垂直冲击轮叶。这种水轮机适用于高水头、小流量水电站。大型水斗式水轮机的应用水头约为 300 ～ 1700m，小型水斗式水轮机的应用水头约为 40 ～ 250m

序号	项目		内　　容
2	冲击式水轮机	斜击式	斜击式水轮机从喷嘴出来的自由射流沿着与转轮旋转平面成一角度的方向，从转轮的一侧进入轮叶再从另一侧流出轮叶。与水斗式相比，其过流量较大，但效率较低，因此这种水轮机一般多用于中小型水电站，适用水头一般为 20 ～ 300m
		双击式	双击式水轮机从喷嘴出来的射流先后两次冲击转轮叶片。这种水轮机结构简单、制作方便，但效率低、转轮叶片强度差，仅适用于单机出力不超过 1000kW 的小型水电站。适用水头一般为 5 ～ 100m

★高频考点：叶片泵的类型

序号	类型	内　　容
1	离心泵	按叶轮进水方向分为单吸式和双吸式；按叶轮的数目分为单级和多级，单级泵只有一个叶轮，多级泵则有两个以上叶轮；按泵轴安装形式分为立式、卧式和斜式
2	轴流泵	轴流泵通常按泵轴的安装方向和叶片是否可调进行分类。按泵轴的安装方向分为立式、卧式和斜式三种，卧式轴流泵又分轴伸式、猫背式、贯流式和电机泵等；按叶片调节方式分为固定叶片轴流泵、半调节轴流泵和全调节轴流泵三种
3	混流泵	混流泵按泵轴的安装方向分为立式、卧式；按其压水室形式不同分为蜗壳式和导叶式

B15　建设项目管理专项制度

★高频考点：“三项”制度

序号	“三项”制度	内　　容
1	项目法人责任制	水利工程建设项目法人应具备以下基本条件： （1）具有独立法人资格，能够承担与其职责相适应的法律责任。 （2）具备与工程规模和技术复杂程度相适应的组织机构，一般可设置工程技术、计划合同、质量安全、财务、综合等内设机构。 （3）总人数应满足工程建设管理需要，大、中、小型工程人数一般按照不少于 30 人、12 人、6 人配备，其

序号	"三项"制度	内　　容
1	项目法人责任制	中工程专业技术人员原则上不少于总人数的50%。 （4）项目法人的主要负责人、技术负责人和财务负责人应具备相应的管理能力和工程建设管理经验。 （5）水利工程建设期间，项目法人主要管理人员应保持相对稳定
2	招标投标制	招标投标制是指通过招标投标的方式，选择水利工程建设的勘察设计、施工、监理、材料设备供应等单位
3	建设监理制	水利工程建设项目依法实行建设监理

★高频考点：招标方式

序号	项目	内　　容
1	公开招标	依法必须招标的项目中，全部使用国有资金投资或者国有资金投资占控股或者主导地位的项目及国家重点水利项目、地方重点水利项目勘察（测）设计应当公开招标。 国家及地方重点水利工程的项目建议书、可行性研究以及综合性强的重大专题研究等前期项目，应当公开招标
2	邀请招标情形	（1）项目的技术性、专业性较强，或者环境资源条件特殊，符合条件的潜在投标人数量有限的。 （2）如采用公开招标，所需费用占水利工程建设项目总投资的比例过大的。 （3）公开招标中，投标人少于3个，或者所有投标均被评标委员会否决，需要重新组织招标的
3	不招标情形	（1）工程项目涉及国家安全、国家秘密的。 （2）抢险救灾的。 （3）主要工艺、技术采用特定专利或者专有技术的。 （4）技术复杂或专业性强，能够满足条件的勘察设计单位少于3家的

★高频考点：代建制

序号	项目	内　　容
1	代建管理	水利工程建设项目代建制为建设实施代建，代建单位对水利工程建设项目施工准备至竣工验收的建设实施过程进行管理。代建单位按照合同约定，履行工程代建相关职责，对代建项目的工程质量、安全、进度和资金管理负责。地方政府负责协调落实地方配套资金和征地移民等工作，为工程建设创造良好的外部环境

序号	项目	内　　容
2	代建单位应具备条件	（1）具有独立的事业或企业法人资格。 （2）具有满足代建项目规模等级要求的水利工程勘测设计、咨询、施工总承包一项或多项资质以及相应的业绩；或者是由政府专门设立（或授权）的水利工程建设管理机构并具有同等规模等级项目的建设管理业绩；或者是承担过大型水利工程项目法人职责的单位。 （3）具有与代建管理相适应的组织机构、管理能力、专业技术与管理人员。 拟实施代建制的项目应在可行性研究报告中提出实行代建制管理的方案，经批复后在施工准备前选定代建单位。代建单位由项目主管部门或项目法人（简称项目管理单位）负责选定

★高频考点：政府和社会资本合作（PPP 模式）

序号	项目	内　　容
1	实施程序	项目储备、项目论证、社会资本方选择、项目执行
2	实施原则	各参与方按照依法合规、诚信守约、利益共享、风险共担、合理收益、公共收益的原则，规范、务实、高效实施水利 PPP 项目

B16　水利工程建设稽察、决算与审计的内容

★高频考点：水利建设项目稽察的基本内容

序号	项目	内　　容
1	稽察组的组成	稽察工作由派出的稽察组具体承担现场稽察任务，稽察组由稽察特派员或组长（统称特派员）、稽察专家和特派员助理等稽察人员组成
2	稽察内容	稽察主要包括前期与设计、建设管理、计划管理、建设资金使用与管理、质量管理（包括质量管理体系与行为、工程实体质量两个方面）、安全管理（包括安全管理体系、风险管控与事故隐患排查、安全技术管理、现场作业安全管理、防洪度汛、应急与事故管理）6 个专业内容
3	稽察报告	稽察组应于现场稽察结束 5 个工作日内，提交由稽察特派员签署的稽察报告

★高频考点：竣工决算的基本内容

序号	项目	内　　容
1	竣工财务决算编制	水利基本建设项目竣工财务决算由项目法人（或项目责任单位）组织编制
2	未完工程投资及预留费用	建设项目未完工程投资及预留费用可预计纳入竣工财务决算。大中型项目应控制在总概算的3%以内，小型项目应控制在5%以内
3	竣工财务决算组成	（1）竣工决算封面及目录。 （2）竣工项目的平面示意图及主体工程照片。 （3）竣工财务决算说明书。 （4）竣工财务决算报表

★高频考点：竣工审计的基本内容

序号	项目	内　　容
1	类型	水利工程基本建设项目审计按建设管理过程分为开工审计、建设期间审计和竣工决算审计。其中开工审计、建设期间审计，水利审计部门可根据项目性质、规模和建设管理的需要进行；竣工决算审计在项目正式竣工验收之前必须进行
2	审计程序	（1）审计准备阶段。包括审计立项、编制审计实施方案、送达审计通知书等环节。 （2）审计实施阶段。包括收集审计证据、编制审计工作底稿、征求意见等环节。 （3）审计报告阶段。包括出具审计报告、审计报告处理、下达审计结论等环节。 （4）审计终结阶段。包括整改落实和后续审计等环节
3	审计方法	审计方法应主要包括详查法、抽查法、核对法、调查法、分析法、其他方法等。其中其他方法包括： （1）按照审查书面资料的技术，可分为审阅法、复算法、比较法等。 （2）按照审查资料的顺序，可分为逆查法和顺查法等。 （3）实物核对的方法，可分为盘点法、调节法和鉴定法等。 竣工决算审计是建设项目竣工结算调整、竣工验收、竣工财务决算审批及项目法人法定代表人任期经济责任评价的重要依据

B17　水利水电工程项目法人分包管理职责

★高频考点：项目法人分包管理职责的要求

（1）水利建设工程的主要建筑物的主体结构不得进行工程分包。主要建筑物包括：堤坝、泄洪建筑物、输水建筑物、电站厂房和泵站等。

（2）在合同实施过程中，有下列情况之一的，项目法人可向承包人推荐分包人：

① 由于重大设计变更导致施工方案重大变化，致使承包人不具备相应的施工能力；

② 由于承包人原因，导致施工工期拖延，承包人无力在合同规定的期限内完成合同任务；

③ 项目有特殊技术要求、特殊工艺或涉及专利权保护的。

（3）项目法人一般不得直接指定分包人。但在合同实施过程中，如承包人无力在合同规定的期限内完成合同中的应急防汛、抢险等危及公共安全和工程安全的项目，项目法人经项目的上级主管部门同意，可根据工程技术、进度的要求，对该应急防汛、抢险等项目的部分工程指定分包人。

由指定分包人造成的与其分包工作有关的一切索赔、诉讼和损失赔偿由指定分包人直接对项目法人负责，承包人不对此承担责任。职责划分可由承包人与项目法人签订协议明确。

B18　发包人的义务和责任

★高频考点：发包人的基本义务

序号	基本义务	内　容
1	遵守法律	发包人在履行合同过程中应遵守法律，并保证承包人免于承担因发包人违反法律而引起的任何责任
2	发出开工通知	发包人应及时向承包人发出开工通知

序号	基本义务	内容
3	提供施工场地	施工场地包括永久占地和临时占地
4	协助承包人办理证件和批件	发包人应协助承包人办理法律规定的有关施工证件和批件
5	组织设计交底	发包人应根据合同进度计划，组织设计单位向承包人进行设计交底
6	支付合同价款	发包人应按合同约定向承包人及时支付合同价款，包括按合同约定支付工程预付款和进度付款，工程通过完工验收后支付完工付款，保修期期满后及时支付最终结清款
7	组织法人验收	发包人应按合同约定及时组织法人验收以及申请专项验收和政府验收

★高频考点：监理人在合同中的作用

序号	项目	内容
1	监理人的职责和权力	当监理人认为存在危及生命、工程或毗邻财产等安全的紧急事项时，在不免除合同约定的承包人责任的情况下，监理人可以指示承包人实施为消除或减少这种危险所必须进行的工作，即使没有发包人的事先批准（按约定需事先批准时），承包人也应立即遵照执行
2	监理人的指示	监理人的指示应盖有监理人授权的现场机构章，并由总监理工程师或总监理工程师授权的监理人员签字
3	监理人的商定或确定权	监理人的商定和确定不是强制的，也不是最终的决定。对总监理工程师的确定有异议的，构成争议，按照合同争议的约定处理。合同争议的处理方法有： （1）友好协商解决； （2）提请争议评审组评审； （3）仲裁； （4）诉讼

B19 承包人的义务和责任

★高频考点：基本义务

（1）遵守法律。

（2）依法纳税。

（3）完成各项承包工作。

（4）对施工作业和施工方法的完备性负责。

（5）保证工程施工和人员的安全。

（6）负责施工场地及其周边环境与生态的保护工作。

（7）避免施工对公众与他人的利益造成损害。

（8）为他人提供方便。

（9）工程的维护和照管。

★高频考点：承包人项目经理要求

序号	项目	内容
1	项目经理驻现场的要求	（1）承包人应按合同约定指派项目经理，并在约定的期限内到职。 （2）承包人更换项目经理应事先征得发包人同意，并应在更换14d前通知发包人和监理人。 （3）承包人项目经理短期离开施工场地，应事先征得监理人同意，并委派代表代行其职责。 （4）监理人要求撤换不能胜任本职工作、行为不端或玩忽职守的承包人项目经理和其他人员的，承包人应予以撤换
2	项目经理职责	（1）项目经理应按合同约定以及监理人指示，负责组织合同工程的实施。 （2）在情况紧急且无法与监理人取得联系时，可采取保证工程和人员生命财产安全的紧急措施，并在采取措施后24h内向监理人提交书面报告。 （3）承包人为履行合同发出的一切函件均应盖有承包人授权的施工场地管理机构章，并由承包人项目经理或其授权代表签字。 （4）承包人项目经理可以授权其下属人员履行其某项职责，但事先应将这些人员的姓名和授权范围通知监理人

★高频考点：不利物质条件的界定与处理

序号	项目	内　　容
1	界定原则	水利水电工程的不利物质条件，指在施工过程中遭遇诸如地下工程开挖中遇到发包人进行的地质勘探工作未能查明的地下溶洞或溶蚀裂隙和坝基河床深层的淤泥层或软弱带等，使施工受阻
2	处理方法	承包人遇到不利物质条件时，应采取适应不利物质条件的合理措施继续施工，并及时通知监理人。承包人有权要求延长工期及增加费用。监理人收到此类要求后，应在分析上述外界障碍或自然条件是否不可预见及不可预见程度的基础上，按照变更的约定办理

★高频考点：承包人提供的材料和工程设备

序号	项目	内　　容
1	材料和工程设备的提供	承包人负责采购、运输和保管完成合同工作所需的材料和工程设备的，承包人应对其采购的材料和工程设备负责
2	承包人采购要求	承包人应按专用合同条款的约定，将各项材料和工程设备的供货人及品种、规格、数量和供货时间等报送监理人审批。承包人应向监理人提交其负责提供的材料和工程设备的质量证明文件，并满足合同约定的质量标准
3	验收	对承包人提供的材料和工程设备，承包人应会同监理人进行检验和交货验收，查验材料合格证明和产品合格证书，并按合同约定和监理人指示，进行材料的抽样检验和工程设备的检验测试，检验和测试结果应提交监理人，所需费用由承包人承担
4	材料和工程设备专用于合同工程	（1）运入施工场地的材料、工程设备，包括备品备件、安装专用工器具与随机资料，必须专用于合同工程，未经监理人同意，承包人不得运出施工场地或挪作他用。 （2）随同工程设备运入施工场地的备品备件、专用工器具与随机资料，应由承包人会同监理人按供货人的装箱单清点后共同封存，未经监理人同意不得启用。承包人因合同工作需要使用上述物品时，应向监理人提出申请
5	禁止使用不合格的材料和工程设备	（1）监理人有权拒绝承包人提供的不合格材料或工程设备，并要求承包人立即进行更换。监理人应在更换后再次进行检查和检验，由此增加的费用和（或）工期延误由承包人承担。 （2）监理人发现承包人使用了不合格的材料和工程设备，应及时发出指示要求承包人立即改正，并禁止在工程中继续使用不合格的材料和工程设备

B20 水利工程项目法人质量管理职责

★高频考点：水利工程项目法人质量管理的相关内容

序号	项　目	规　定
1	项目法人项目管理的主要职责	根据水利部《关于印发水利工程建设项目法人管理指导意见的通知》（水建设［2020］258号），项目法人项目管理的主要职责有： （1）项目法人必须严格遵守国家有关法律法规，结合建设项目实际，依法完善项目法人治理结构，制定质量、安全、计划执行、设计、财务、合同、档案等各项管理制度，定期开展制度执行情况自查，加强对参建单位的管理。 （2）项目法人应根据项目特点，依法依规选择工程承发包方式。合理划分标段，避免标段划分过细过小。禁止唯最低价中标等不合理的招标采购行为，择优选择综合实力强、信誉良好、满足工程建设要求的参建单位。对具备条件的建设项目，推行采用工程总承包方式，精简管理环节。对于实行工程总承包方式的，要加强施工图设计审查及设计变更管理，强化合同管理和风险管控，确保质量安全标准不降低，确保工程进度和资金安全。 （3）项目法人应加强对勘察、设计、施工、监理、监测、咨询、质量检测和材料、设备制造供应等参建单位的合同履约管理。 （4）项目法人应建立对参建单位合同履约情况的监督检查台账，实行闭环管理。 （5）项目法人应切实履行廉政建设主体责任，针对设计变更、工程计量、工程验收、资金结算等关键环节，研究制定廉政风险防控手册，落实防控措施，加强工程建设管理全过程廉政风险防控
2	项目法人质量考核	考核采用评分法，满分为100分，其中总体考核得分占考核总分的60%，项目考核得分占考核总分的40%。考核结果分4个等级，分别为：A级（考核排名前10名，且得分90分及以上的）、B级（A级以后，且得分80分及以上的）、C级（B级以后，且得分在60分及以上）、D级（得分60分以下或发生重、特大质量事故的）。涉及项目法人质量管理的考核要点如下：

序号	项　　目	规　　定
2	项目法人质量考核	（1）质量管理体系建立情况； （2）质量管理程序报备情况； （3）质量主体责任履行情况； （4）参建单位质量检查情况； （5）历次稽察、检查、巡查提出质量问题整改

B21　水利工程质量监督的内容

★高频考点：水利工程质量监督的内容

序号	项目	内　　容
1	分级管理	各级水行政主管部门对水利工程质量负监管责任，县级以上人民政府水行政主管部门和流域管理机构可以设立水利工程质量监督机构，按照分级负责的原则开展水利工程质量监督办工作
2	质量监督机构的质量监督人员组成	各级质量监督机构的质量监督人员有专职质量监督员和兼职质量监督员组成。其中，兼职质量监督员为工程技术人员，凡从事该工程监理、设计、施工、设备制造的人员不得担任该工程的兼职质量监督员
3	水利工程建设质量监督检查	（1）水利部、各流域管理机构、县级以上地方人民政府水行政主管部门是水利工程建设质量监督检查单位。 （2）对需要进行质量问题鉴定的质量缺陷，可进行常规鉴定或权威鉴定。 （3）对责任单位的责任追究方式分为：责令整改；约谈；停工整改；经济责任；通报批评；建议解除合同；降低资质；相关法律、法规、规章规定的其他责任追究方式

B22　水力发电工程施工质量管理及质量事故处理的要求

★高频考点：水力发电工程施工质量管理的内容

（1）施工单位在近五年内工程发生重大及以上质量事故的，应视其整改情况决定取舍；在近一年内工程发生特大质量事故的，不得独立中标承建大型水电站主体工程的施工任务。

（2）非水电专业施工单位，不能独立或作为联营体责任方承担具有水工专业特点的工程项目。

（3）施工单位的质量保留金依合同按月进度付款的一定比例逐月扣留。因施工原因造成工程质量事故的，项目法人有权扣除部分以至全部保留金。

（4）禁止转包。

（5）施工单位进行分包时，必须经监理单位同意并审查分包施工单位保证工程质量的能力，出具书面意见报项目法人批准。

（6）临时合同工应作为劳务由施工单位统一管理。

（7）施工质量检查与工程验收主要内容有：

① 施工准备工程质量检查，由施工单位负责进行，监理单位应对关键部位（或项目）的施工准备情况进行抽查。

② 单元工程的检查验收，施工单位应按“三级检查制度”（班组初检、作业队复检、项目部终检）的原则进行自检，在自检合格的基础上，由监理单位进行终检验收。经监理单位同意，施工单位的自检工作分级层次可以适当简化。

③ 监理单位对隐蔽工程和关键部位进行终检验收时，设计单位应参加并签署意见。监理单位签署终检验收结论时，应认真考虑设计等单位的意见。

④ 分部分项工程验收签证，应在施工单位进行一次系统的整体检查验收的基础上，由监理单位组织进行联合检查验收。设计、运行等单位均应在分部分项工程验收签证上签字或签署意见，监理

单位签署验收结论。

⑤ 在工程阶段验收和竣工验收时，项目法人、监理、设计、施工、运行等单位应在提供的文件中，对工程质量进行详实的介绍和评价，并对存在的质量问题提供自检资料。

⑥ 水库蓄水验收及工程竣工验收前，应按有关规定进行工程安全鉴定。

★高频考点：水力发电工程质量事故分类及处理的要求

<table>
<tr><th>序号</th><th>事故类型</th><th>调查权限</th><th>事故的处理方案</th></tr>
<tr><td>1</td><td>一般质量事故</td><td>由项目法人或监理单位负责调查</td><td>由造成事故的单位提出，报监理单位批准后实施</td></tr>
<tr><td>2</td><td>较大质量事故</td><td>由项目法人负责组织专家组进行调查</td><td>由造成事故的单位提出（必要时项目法人可委托设计单位提出），报监理单位审查、项目法人批准后实施</td></tr>
<tr><td>3</td><td>重大质量事故</td><td rowspan="2">由质监总站负责组织专家组进行调查</td><td rowspan="2">由项目法人委托设计单位提出，项目法人组织专家组审查批准后实施，必要时由上级部门组织审批后实施</td></tr>
<tr><td>4</td><td>特大质量事故</td></tr>
</table>

B23　水利工程验收的分类及工作内容

★高频考点：水利水电工程验收分类

序号	类　型	内　容
1	法人验收	包括分部工程验收、单位工程验收、水电站（泵站）中间机组启动验收、合同工程完工验收等
2	政府验收	包括阶段验收、专项验收、竣工验收等

★高频考点：水利水电工程验收监督管理的基本要求

（1）水利部负责全国水利工程建设项目验收的监督管理工作。

（2）法人验收监督管理机关应对工程的法人验收工作实施监督

管理。

（3）工程验收监督管理的方式应包括现场检查、参加验收活动、对验收工作计划与验收成果性文件进行备案等。

（4）当发现工程验收不符合有关规定时，验收监督管理机关应及时要求验收主持单位予以纠正，必要时可要求暂停验收或重新验收并同时报告竣工验收主持单位。

（5）法人验收过程中发现的技术性问题原则上应按合同约定进行处理。合同约定不明确的，应按国家或行业技术标准规定处理。当国家或行业技术标准暂无规定时，应由法人验收监督管理机关负责协调解决。

B24　水利工程阶段验收的要求

★高频考点：阶段验收的组织及成果

序号	项目	内　　容
1	组织	阶段验收应包括枢纽工程导（截）流验收、水库下闸蓄水验收、引（调）排水工程通水验收、水电站（泵站）首（末）台机组启动验收、部分工程投入使用验收以及竣工验收主持单位根据工程建设需要增加的其他验收。 阶段验收应由竣工验收主持单位或其委托的单位主持。阶段验收委员会应由验收主持单位、质量和安全监督机构、运行管理单位的代表以及有关专家组成；必要时，可邀请地方人民政府以及有关部门参加。 工程建设具备阶段验收条件时，项目法人应向竣工验收主持单位提出阶段验收申请报告。竣工验收主持单位应自收到申请报告之日起 20 个工作日内决定是否同意进行阶段验收
2	验收成果	阶段验收的成果性文件是阶段验收鉴定书。数量按参加验收单位、法人验收监督管理机关、质量和安全监督机构各 1 份以及归档所需要的份数确定。自验收鉴定书通过之日起 30 个工作日内，由验收主持单位发送有关单位

★**高频考点：阶段验收的条件**

序号	项目		条件
1	枢纽工程导（截）流验收		（1）导流工程已基本完成，具备过流条件，投入使用（包括采取措施后）不影响其他未完工程继续施工。 （2）满足截流要求的水下隐蔽工程已完成。 （3）截流设计已获批准，截流方案已编制完成，并做好各项准备工作。 （4）工程度汛方案已经有管辖权的防汛指挥部门批准，相关措施已落实。 （5）截流后壅高水位以下的移民搬迁安置和库底清理已完成并通过验收。 （6）有航运功能的河道，碍航问题已得到解决
2	水库下闸蓄水验收		（1）挡水建筑物的形象面貌满足蓄水位的要求。 （2）蓄水淹没范围内的移民搬迁安置和库底清理已完成并通过验收。 （3）蓄水后需要投入使用的泄水建筑物已基本完成，具备过流条件。 （4）有关观测仪器、设备已按设计要求安装和调试，并已测得初始值和施工期观测值。 （5）蓄水后未完工程的建设计划和施工措施已落实。 （6）蓄水安全鉴定报告已提交。 （7）蓄水后可能影响工程安全运行的问题已处理，有关重大技术问题已有结论。 （8）蓄水计划、导流洞封堵方案等已编制完成，并做好各项准备工作。 （9）年度度汛方案（包括调度运用方案）已经有管辖权的防汛指挥部门批准，相关措施已落实
3	引（调）排水工程通水验收		（1）引（调）排水建筑物的形象面貌满足通水的要求。 （2）通水后未完工程的建设计划和施工措施已落实。 （3）引（调）排水位以下的移民搬迁安置和障碍物清理已完成并通过验收。 （4）引（调）排水的调度运用方案已编制完成；度汛方案已得到有管辖权的防汛指挥部门批准，相关措施已落实
4	水电站（泵站）机组启动验收	技术预验收	（1）与机组启动运行有关的建筑物基本完成，满足机组启动运行要求。 （2）与机组启动运行有关的金属结构及启闭设备安装完成，并经过调试合格，可满足机组启动运行要求。

序号	项目		条　　件
4	水电站（泵站）机组启动验收	技术预验收	（3）过水建筑物已具备过水条件，满足机组启动运行要求。 （4）压力容器、压力管道以及消防系统等已通过有关主管部门的检测或验收。 （5）机组、附属设备以及油、水、气等辅助设备安装完成，经调试合格并经分部试运转，满足机组启动运行要求。 （6）必要的输配电设备安装调试完成，并通过电力部门组织的安全性评价或验收，送（供）电准备工作已就绪，通信系统满足机组启动运行要求。 （7）机组启动运行的测量、监测、控制和保护等电气设备已安装完成并调试合格。 （8）有关机组启动运行的安全防护措施已落实，并准备就绪。 （9）按设计要求配备的仪器、仪表、工具及其他机电设备已能满足机组启动运行的需要。 （10）机组启动运行操作规程已编制，并得到批准。 （11）水库水位控制与发电水位调度计划已编制完成，并得到相关部门的批准。 （12）运行管理人员的配备可满足机组启动运行的要求。 （13）水位和引水量满足机组启动运行最低要求。 （14）机组按要求完成带负荷连续运行
		首（末）台机组启动验收	（1）技术预验收工作报告已提交。 （2）技术预验收工作报告中提出的遗留问题已处理
5	部分工程投入使用验收		（1）拟投入使用工程已按批准设计文件规定的内容完成并已通过相应的法人验收。 （2）拟投入使用工程已具备运行管理条件。 （3）工程投入使用后，不影响其他工程正常施工，且其他工程施工不影响部分工程安全运行（包括采取防护措施）。 （4）项目法人与运行管理单位已签订部分工程提前使用协议。 （5）工程调度运行方案已编制完成。度汛方案已经有管辖权的防汛指挥部门批准，相关措施已落实

B25　水利工程建设专项验收的要求

★高频考点：水利工程专项验收的要求

序号	项目	规定
1	建设项目竣工环境保护验收	验收主要依据包括： （1）建设项目环境保护相关法律、法规、规章、标准和规范性文件。 （2）建设项目竣工环境保护验收技术规范。 （3）建设项目环境影响报告书（表）及审批部门审批决定
2	项目文件归档的基本要求	（1）项目法人应按照《水利工程建设项目文件归档范围和档案保管期限表》，结合水利工程建设项目实际情况，制定本项目文件归档范围和档案保管期限表。 （2）项目法人与参建单位按照职责分工，分别组织对归档文件进行质量审查。 （3）项目文件经规范整理及审查后应及时归档。 （4）项目法人可根据实际需要，确定项目文件的归档份数。 （5）项目法人档案管理机构应依据保管期限表对项目档案进行价值鉴定，确定其保管期限，同一卷内有不同保管期限的文件时，该卷保管期限应从长。项目档案保管期限分为永久、30年和10年

B26　投标阶段成本管理

★高频考点：费用构成

序号	项　　目		内　　容
1	直接费	基本直接费	基本直接费包括：人工费、材料费、施工机械使用费。 其他直接费包括：冬雨期施工增加费、夜间施工增加费、特殊地区施工增加费、临时设施费、安全生产措施费和其他
2	间接费		包括规费和企业管理费

★高频考点：费用标准

序号	项目	内容
1	人工预算单价	人工预算单价是指生产工人在单位时间（工时）的费用。根据工程性质的不同，人工预算单价有枢纽工程、引水及河道工程三种计算方法和标准。每种计算方法将人工均划分为工长、高级工、中级工、初级工 4 个档次
2	材料预算价格	材料原价、运杂费、运输保险费和采购及保管费等分别按不含增值税进项税额的价格计算，采购及保管费，按现行计算标准乘以 1.10 调整系数
3	施工机械使用费	根据《水利部办公厅关于印发〈水利工程营业税改征增值税计价依据调整办法〉的通知》（办水总［2016］132 号）和《水利部办公厅关于调整水利工程计价依据增值税计算标准的通知》（办财务函［2019］448 号），施工机械台时费定额的折旧费除以 1.13 调整系数，修理及替换设备费除以 1.09 调整系数，安装拆卸费不变。施工机械使用费按调整后的施工机械台时费定额和不含增值税进项税额的基础价格计算
4	混凝土材料单价	根据《水利工程设计概（估）算编制规定》（水总［2014］429 号文），当采用商品混凝土时，其材料单价应按基价 200 元 /m^3 计入工程单价取费，预算价格与基价的差额以材料补差形式进行计算，材料补差列入单价表中并计取税金

★高频考点：单价分析

1	直接费	1）+ 2）
1）	基本直接费	（1）+（2）+（3）
（1）	人工费	定额人工工时数 × 人工预算单价
（2）	材料费	定额材料用量 × 材料预算价格
（3）	机械使用费	定额机械台时用量 × 机械台时费
2）	其他直接费	1）× 其他直接费率
2	间接费	1× 间接费率
3	利润	（1 + 2）× 利润率
4	材料补差	（材料预算价格－材料基价）× 材料消耗量
5	税金	（1 + 2 + 3 + 4）× 税率
6	工程单价	1 + 2 + 3 + 4 + 5

★高频考点：工程量清单的编制

序号	项目	内　　容
1	分类分项工程量清单	分类分项工程量清单项目编码采用十二位阿拉伯数字表示（由左至右计位）。一至九位为统一编码，其中，一、二位为水利工程顺序码，三、四位为专业工程顺序码，五、六位为分类工程顺序码，七、八、九位为分项工程顺序码，十至十二位为清单项目名称顺序码。清单项目名称顺序码自 001 起顺序编制
2	措施项目清单	措施项目清单，主要包括环境保护、文明施工、安全防护措施、小型临时工程、施工企业进退场费、大型施工设备安拆费等。措施项目清单项目名称应按招标文件确定的措施项目名称填写。措施项目清单的金额，应根据招标文件的要求以及工程的施工方案，以每一项措施项目为单位，按项计价
3	其他项目清单	暂列金额指招标人为可能发生的合同变更而预留的金额和暂定项目，一般可为分类分项工程项目和措施项目合价的 5%。 暂估价指在工程招标阶段已经确定的、但又无法准确确定价格的材料、工程设备或工程项目
4	零星工作项目清单	零星工作项目清单列出人工（按工种）、材料（按名称和规格型号）、机械（按名称和规格型号）的计量单位，单价由投标人确定

★高频考点：投标报价策略

序号	项目	内　　容
1	投标报价高报	（1）施工条件差的工程。 （2）专业要求高且公司有专长的技术密集型工程。 （3）合同估算价低自己不愿做、又不方便不投标的工程。 （4）风险较大的特殊的工程。 （5）工期要求急的工程。 （6）投标竞争对手少的工程。 （7）支付条件不理想的工程
2	投标报价低报	（1）施工条件好、工作简单、工程量大的工程。 （2）有策略开拓某一地区市场。 （3）在某地区面临工程结束，机械设备等无工地转移时。 （4）本公司在待发包工程附近有项目，而本项目又可利用该工程的设备、劳务，或有条件短期内突击完成的工程。 （5）投标竞争对手多的工程。 （6）工期宽松工程。 （7）支付条件好的工程

序号	项目	内　　容
3	不平衡报价	一个工程项目总报价基本确定后，可以调整内部各个项目的报价，以期既不提高总报价、不影响中标，又能在结算时得到更理想的经济效益
4	计日工报价	水利工程计日工不计入总价，可以报高些，以便在发包人额外用工或使用施工机械时可多盈利

B27　施工阶段成本管理

★高频考点：施工临时工程计量与支付

序号	项目		内　　容
1	现场施工测量		现场施工测量（包括根据合同约定由承包人测设的施工控制网、工程施工阶段的全部施工测量放样工作等）所需费用，由发包人按《工程量清单》所列项目的总价支付
2	现场试验	现场室内试验	承包人现场试验室的建设费用，由发包人按《工程量清单》所列相应项目的总价支付
		现场工艺试验	除合同另有约定外，现场工艺试验所需费用，包含在现场工艺试验项目总价中，由发包人按《工程量清单》相应项目的总价支付
		现场生产性试验	除合同约定的大型现场生产性试验项目由发包人按《工程量清单》所列项目的总价支付外，其他各项生产性试验费用均包含在《工程量清单》相应项目的工程单价或总价中，发包人不另行支付
3	施工交通设施		（1）除合同另有约定外，承包人根据合同要求完成场内施工道路的建设和施工期的管理维护工作所需的费用，由发包人按《工程量清单》相应项目的工程单价或总价支付。 （2）场外公共交通的费用，除合同约定由承包人为场外公共交通修建和（或）维护的临时设施外，承包人在施工场地外的一切交通费用，均由承包人自行承担，发包人不另行支付。

序号	项目	内　　容
3	施工交通设施	（3）承包人承担的超大、超重件的运输费用，均由承包人自行负责，发包人不另行支付。超大、超重件的尺寸或重量超出合同约定的限度时，增加的费用由发包人承担
4	施工及生活供电设施	除合同另有约定外，承包人根据合同要求完成施工用电设施的建设、移设和拆除工作所需的费用，由发包人按《工程量清单》相应项目的工程单价或总价支付
5	施工供风设施	除合同另有约定外，承包人根据合同要求完成施工供风设施的建设、移设和拆除工作所需的费用，由发包人按《工程量清单》相应项目的工程单价或总价支付
6	施工照明设施	除合同另有约定外，承包人根据合同要求完成施工照明设施的建设、移置、维护管理和拆除工作所需的费用，由发包人按《工程量清单》相应项目的工程单价或总价支付
7	施工通信和邮政设施	除合同另有约定外，承包人根据合同要求完成现场施工通信和邮政设施的建设、移设、维护管理和拆除工作所需的费用，由发包人按《工程量清单》相应项目的工程单价或总价支付
8	砂石料生产系统	除合同另有约定外，承包人根据合同要求完成砂石料生产系统的建设和拆除工作所需的费用，由发包人按《工程量清单》相应项目的工程单价或总价支付
9	混凝土生产系统	除合同另有约定外，承包人根据合同要求完成混凝土生产系统的建设和拆除工作所需的费用，由发包人按《工程量清单》相应项目的工程单价或总价支付
10	附属加工厂	除合同另有约定外，承包人根据合同要求完成附属加工厂的建设、维护管理和拆除工作所需的费用，由发包人按《工程量清单》相应项目的工程单价或总价支付
11	仓库和存料场	除合同另有约定外，承包人根据合同要求完成仓库或存料场的建设、维护管理和拆除工作所需的费用，由发包人按《工程量清单》相应项目的工程单价或总价支付
12	弃渣场	除合同另有约定外，承包人根据合同要求完成弃渣场的建设和维护管理等工作所需的费用，由发包人按《工程量清单》相应项目的工程单价或总价支付

序号	项目	内　　容
13	临时生产管理和生活设施	除合同另有约定外，承包人根据合同要求完成临时生产管理和生活设施的建设、移设、维护管理和拆除工作所需的费用，由发包人按《工程量清单》相应项目的工程单价或总价支付
14	其他临时设施	未列入《工程量清单》的其他临时设施，承包人根据合同要求完成这些设施的建设、移置、维护管理和拆除工作所需的费用，包含在相应永久工程项目的工程单价或总价中，发包人不另行支付

★高频考点：土方开挖工程计量与支付

序号	项目	内　　容
1	场地平整	按施工图纸所示场地平整区域计算的有效面积以平方米为单位计量，按《工程量清单》相应项目有效工程量的每平方米工程单价支付
2	一般土方开挖、淤泥流砂开挖、沟槽开挖和柱坑开挖	按施工图纸所示开挖轮廓尺寸计算的有效自然方体积以立方米为单位计量，由发包人按《工程量清单》相应项目有效工程量的每立方米工程单价支付
3	塌方清理	按施工图纸所示开挖轮廓尺寸计算的有效塌方堆方体积以立方米为单位计量，由发包人按《工程量清单》相应项目有效工程量的每立方米工程单价支付
4	土方明挖	按施工图纸所示的轮廓尺寸计算有效自然方体积以立方米为单位计量，由发包人按《工程量清单》相应项目有效工程量的每立方米工程单价支付。施工过程中增加的超挖量和施工附加量所需的费用，应包含在《工程量清单》相应项目有效工程量的每立方米工程单价中，发包人不另行支付
5	土料开采	除合同另有约定外，开采土料或砂砾料（包括取土、含水量调整、弃土处理、土料运输和堆放等工作）所需的费用，包含在《工程量清单》相应项目有效工程量的工程单价或总价中，发包人不另行支付。 除合同另有约定外，承包人在料场开采结束后完成开采区清理、恢复和绿化等工作所需的费用，包含在《工程量清单》“环境保护和水土保持”相应项目的工程单价或总价中，发包人不另行支付

★高频考点：混凝土灌注桩计量与支付

（1）钻孔灌注桩或者沉管灌注桩按施工图纸所示尺寸计算的桩体有效体积以立方米为单位计量，由发包人按《工程量清单》相应项目有效工程量的每立方米工程单价支付。

（2）除合同另有约定外，承包人按合同要求完成灌注桩成孔成桩试验、成桩承载力检验、校验施工参数和工艺、埋设孔口装置、造孔、清孔、护壁以及混凝土拌合、运输和灌注等工作所需的费用，包含在《工程量清单》相应灌注桩项目有效工程量的每立方米工程单价中，发包人不另行支付。

（3）灌注桩的钢筋按施工图纸所示钢筋强度等级、直径和长度计算的有效重量以吨为单位计量，由发包人按《工程量清单》相应项目有效工程量的每吨工程单价支付。

★高频考点：土方填筑工程计量与支付

序号	项　目	计量与支付
1	坝（堤）体填筑	按施工图纸所示尺寸计算的有效压实方体积以立方米为单位计量，由发包人按《工程量清单》相应项目有效工程量的每立方米工程单价支付
2	坝（堤）体全部完成的最终结算工程量	经过施工期间压实并经自然沉陷后按施工图纸所示尺寸计算的有效压实方体积。若分次支付的累计工程量超出最终结算的工程量，发包人应扣除超出部分工程量
3	黏土心墙、接触黏土、混凝土防渗墙顶部附近的高塑性黏土、上游铺盖区的土料、反滤料、过渡料和垫层料	按施工图纸所示尺寸计算的有效压实方体积以立方米为单位计量，由发包人按《工程量清单》相应项目有效工程量的每立方米工程单价支付
4	坝体上、下游面块石护坡	按施工图纸所示尺寸计算的有效体积以立方米为单位计量，由发包人按《工程量清单》相应项目有效工程量的每立方米工程单价支付

序号	项　　目	计量与支付
5	承包人对料场（土料场、石料场和存料场）进行复核、复勘、取样试验、地质测绘以及工程完建后的料场整治和清理等工作所需的费用	包含在每立方米（吨）材料单价或《工程量清单》相应项目工程单价或总价中，发包人不另行支付（除合同另有约定外）
6	坝体填筑的现场碾压试验费用	按《工程量清单》相应项目的总价支付

★高频考点：混凝土工程计量与支付

序号	项目	内　　容
1	模板	（1）除合同另有约定外，现浇混凝土的模板费用，包含在《工程量清单》相应混凝土或钢筋混凝土项目有效工程量的每立方米工程单价中，发包人不另行计量和支付。 （2）混凝土预制构件模板所需费用，包含在《工程量清单》相应预制混凝土构件项目有效工程量的工程单价中，不另行支付
2	钢筋	按施工图纸所示钢筋强度等级、直径和长度计算的有效重量以吨为单位计量，由发包人按《工程量清单》相应项目有效工程量的每吨工程单价支付。施工架立筋、搭接、套筒连接、加工及安装过程中操作损耗等所需费用，均包含在《工程量清单》相应项目有效工程量的每吨工程单价中，发包人不另行支付
3	普通混凝土	（1）普通混凝土按施工图纸所示尺寸计算的有效体积以立方米为单位计量，由发包人按《工程量清单》相应项目有效工程量的每立方米工程单价支付。 （2）混凝土有效工程量不扣除设计单体体积小于 $0.1m^3$ 的圆角或斜角，单体占用的空间体积小于 $0.1m^3$ 的钢筋和金属件，单体横截面积小于 $0.1m^2$ 的孔洞、排水管、预埋管和凹槽等所占的体积，按设计要求对上述孔洞回填的混凝土也不予计量。 （3）不可预见地质原因超挖引起的超填工程量所发生的费用，由发包人按《工程量清单》相应项目或变更项目的每立方米工程单价支付。除此之外，同一承包人由于其他原因超挖引起的超填工程量和由此增加的其他工作所需的费用，均应包含在《工程量清单》相应项目有效工程量的每立方米工程单价中，发包人不另行支付。 （4）混凝土在冲（凿）毛、拌合、运输和浇筑过程中的操作损耗，以及为临时性施工措施增加的附加混凝土量所需的费用，应包含在《工程量清单》相应项目有效工程量的每立方米工程单价中，发包人不另行支付。

序号	项目	内　　容
3	普通混凝土	（5）施工过程中，承包人进行的各项混凝土试验所需的费用（不包括以总价形式支付的混凝土配合比试验费），均包含在《工程量清单》相应项目有效工程量的每立方米工程单价中，发包人不另行支付。 （6）止水、止浆、伸缩缝等按施工图纸所示各种材料数量以米（或平方米）为单位计量，由发包人按《工程量清单》相应项目有效工程量的每米（或平方米）工程单价支付。 （7）混凝土温度控制措施费（包括冷却水管埋设及通水冷却费用、混凝土收缩缝和冷却水管的灌浆费用，以及混凝土坝体的保温费用）包含在《工程量清单》相应混凝土项目有效工程量的每立方米工程单价中，发包人不另行支付。 （8）混凝土坝体的接缝灌浆（接触灌浆），按设计图纸所示要求灌浆的混凝土施工缝（混凝土与基础、岸坡岩体的接触缝）的接缝面积以平方米为单位计量，由发包人按《工程量清单》相应项目有效工程量的每平方米工程单价支付。 （9）混凝土坝体内预埋排水管所需的费用，应包含在《工程量清单》相应混凝土项目有效工程量的每立方米工程单价中，发包人不另行支付

★高频考点：砌体工程计量与支付

序号	项　　目	内　　容
1	浆砌石、干砌石、混凝土预制块和砖砌体	按施工图纸所示尺寸计算的有效砌筑体积以立方米为单位计量，由发包人按《工程量清单》相应项目有效工程量的每立方米工程单价支付
2	砂浆、拉结筋、垫层、排水管、止水设施、伸缩缝、沉降缝及埋设件的费用	包含在《工程量清单》相应砌筑项目有效工程量的每立方米工程单价中，发包人不另行支付
3	按合同要求完成砌体建筑物的基础清理和施工排水等工作所需的费用	包含在《工程量清单》相应砌筑项目有效工程量的每立方米工程单价中，发包人不另行支付

★高频考点：疏浚工程计量与支付

序号	项目	内　　容
1	疏浚工程	疏浚工程按施工图纸所示轮廓尺寸计算的水下有效自然方体积以立方米为单位计量，由发包人按《工程量清单》相应项目有效工程量的每立方米工程单价支付。

序号	项目	内　　容
1	疏浚工程	疏浚设计断面以外增加的超挖量、施工期自然回淤量、开工展布与收工集合、避险与防干扰措施、排泥管安拆移动以及使用辅助船只等所需的费用，包含在《工程量清单》相应项目有效工程量的每立方米工程单价中，发包人不另行支付。疏浚工程的辅助措施（如浚前扫床和障碍物的清除、排泥区围堰、隔埂、退水口及排水渠等项目）另行计量支付
2	吹填工程	（1）吹填工程按施工图纸所示尺寸计算的有效吹填体积（扣除吹填区围堰、隔埂等的体积）以立方米为单位计量，由发包人按《工程量清单》相应项目有效工程量的每立方米工程单价支付。 （2）吹填工程施工过程中吹填土体的沉陷量、原地基因上部吹填荷载而产生的沉降量和泥砂流失量、对吹填区平整度要求较高的工程配备的陆上土方机械等所需费用，包含在《工程量清单》相应项目有效工程量的每立方米工程单价中，发包人不另行支付。吹填工程的辅助措施（如疏浚前扫床和障碍物的清除、排泥区围堰、隔埂、退水口及排水渠等项目）另行计量支付。 （3）利用疏浚排泥进行吹填的工程，疏浚和吹填的计量和支付分界根据合同相关条款的具体约定执行

★高频考点：闸门及启闭机安装计量与支付

序号	项目	内　　容
1	闸门	（1）钢闸门安装工程按施工图纸所示尺寸计算的闸门本体有效重量以吨为单位计量，由发包人按《工程量清单》相应项目的每吨工程单价支付。钢闸门附件安装、附属装置安装、钢闸门本体及附件涂装、试验检测和调试校正等工作所需费用，包含在《工程量清单》相应钢闸门安装项目有效工程量的每吨工程单价中，发包人不另行支付。 （2）门槽（楣）安装工程按施工图纸所示尺寸计算的有效重量以吨为单位计量，由发包人按《工程量清单》相应项目的每吨工程单价支付。二次埋件、附件安装、涂装、调试校正等工作所需费用，均包含在《工程量清单》相应门槽（楣）安装项目有效工程量的每吨工程单价中，发包人不另行支付
2	启闭机	（1）启闭机安装工程按施工图纸所示启闭机数量以台为单位计量，由发包人按《工程量清单》相应启闭机安装项目每台工程单价支付。

序号	项目	内　　容
2	启闭机	（2）除合同另有约定外，基础埋件安装、附属设备（起吊梁或平衡梁、供电系统、控制操作系统、液压启闭机的液压系统等）安装、与闸门连接和调试校正等工作所需费用，均包含在《工程量清单》相应启闭机安装项目每台工程单价中，发包人不另行支付

B28　水利工程施工监理工作的主要内容

★高频考点：施工准备阶段监理工作的基本内容

序号	项目	内　　容
1	检查开工前由发包人准备的施工条件情况	（1）首批开工项目施工图纸的提供。 （2）测量基准点的移交。 （3）施工用地的提供。 （4）施工合同约定应由发包人负责的道路、供电、供水、通信及其条件和资源的提供情况
2	检查开工前承包人的施工准备情况	（1）承包人派驻现场的主要管理、技术人员及特种作业人员是否与施工合同文件一致。如有变化，应重新审查并报发包人认可。 （2）承包人进场施工设备的数量、规格和性能是否符合施工合同约定，进场情况和计划是否满足开工及施工进度的要求。 （3）进场原材料、中间产品和工程设备的质量、规格是否符合施工合同约定，原材料的储存量及供应计划是否满足开工及施工进度的需要。 （4）承包人的检测条件或委托的检测机构是否符合施工合同约定及有关规定。 （5）承包人对发包人提供的测量基准点的复核，以及承包人在此基础上完成施工测量控制网的布设及施工区原始地形图的测绘情况。 （6）砂石料系统、混凝土拌合系统或商品混凝土供应方案以及场内道路、供水、供电、供风及其他施工辅助加工厂、设施的准备情况。 （7）承包人的质量保证体系。 （8）承包人的安全生产管理机构和安全措施文件。 （9）承包人提交的施工组织设计、专项施工方案、施工措施计划、施工总进度计划、资金流计划、安全技术措施、度汛方案和灾害应急预案等。

序号	项目	内　　容
2	检查开工前承包人的施工准备情况	（10）应由承包人负责提供的施工图纸和技术文件。 （11）按照施工合同约定和施工图纸的要求需进行的施工工艺试验和料场规划情况。 （12）承包人在施工准备完成后递交的合同工程开工申请报告
3	设计交底	监理机构应参加、主持或发包人联合主持召开设计交底会议，由设计单位进行设计文件的技术交底
4	施工图纸的核查与签发	（1）工程施工所需的施工图纸，应经监理机构核查并签发后，承包人方可用于施工。 （2）监理机构应在收到发包人提供的施工图纸后及时核查并签发。 （3）对承包人提供的施工图纸，监理机构应按施工合同约定进行核查，在规定的期限内签发。 （4）经核查的施工图纸应由总监理工程师签发，并加盖监理机构章

★高频考点：施工实施阶段监理工作的基本内容

序号	项目	内　　容
1	开工条件的控制	包括签发开工通知、分部工程开工、单元工程开工、混凝土浇筑开仓
2	工程质量控制	监理机构可采用跟踪检测、平行检测方法对承包人的检验结果进行复核。平行检测的检测数量，混凝土试样不应少于承包人检测数量的3%，重要部位每种标号的混凝土最少取样1组；土方试样不应少于承包人检测数量的5%；重要部位至少取样3组；跟踪检测的检测数量，混凝土试样不应少于承包人检测数量的7%，土方试样不应少于承包人检测数量的10%
3	工程进度控制	审批施工总进度计划；审批承包人提交的施工进度计划；实际施工进度的检查与协调；施工进度计划的调整
4	工程资金控制	审核承包人提交的资金流计划，并协助发包人编制合同工程付款计划；建立合同工付款台账，对付款情况进行记录。根据工程实际进展情况，对合同工程付款情况进行分析，必要时提出合同工程付款计划调整建议；审核工程付款申请；根据施工合同约定进行价格调整；审核完工付款申请，签发完工付款证书；审核最终付款申请，签发最终付款证书等
5	其他	（1）施工安全监理。 （2）文明施工监理。

序号	项目	内　　容
5	其他	（3）合同管理的其他工作：包括工程变更；索赔管理；违约管理；工程保险；工程分包、争议的解决等。 （4）信息管理。 （5）工程质量评定与验收

B29　水工程实施保护的规定

★高频考点：禁止性规定和限制性规定

序号	项目	内　　容
1	禁止性规定	《水法》第三十七条规定，禁止在江河、湖泊、水库、运河、渠道内弃置、堆放阻碍行洪的物体和种植阻碍行洪的林木及高秆作物。禁止在河道管理范围内建设妨碍行洪的建筑物、构筑物以及从事影响河势稳定、危害河岸堤防安全和其他妨碍河道行洪的活动
2	限制性规定	《水法》第三十八条规定，在河道管理范围内建设桥梁、码头和其他拦河、跨河、临河建筑物、构筑物，铺设跨河管道、电缆，应当符合国家规定的防洪标准和其他有关的技术要求，工程建设方案应当依照防洪法的有关规定报经有关水行政主管部门审查同意

★高频考点：水工程的管理范围和保护范围

序号	项目	内　　容	说　　明
1	管理范围	管理范围是指为了保证工程设施正常运行管理的需要而划分的范围，如堤防工程的护堤地等，水工程管理单位依法取得土地的使用权，故管理范围通常视为水工程设施的组成部分	各级河长负责组织领导相应河湖的管理和保护工作，包括水资源保护、水域岸线管理、水污染防治、水环境治理等，牵头组织对侵占河道、围垦湖泊、超标排污、非法采砂、破坏航道、电毒炸鱼等突出问题依法进行清理整治，协调解决重大问题；对跨行政区域的河湖明晰管理责任，协调上下游、左右岸实行联防联控；对相关部门和下一级河长履职情况进行督导，对目标任务完成情况进行考核，强化激励问责
2	保护范围	保护范围是指为了防止在工程设施周边进行对工程设施安全有不良影响的其他活动，满足工程安全需要而划定的一定范围	

★高频考点：水闸工程建筑物覆盖范围以外的管理范围

建筑物等级	1	2	3	4	5
水闸上、下游的宽度（m）	500 ～ 1000	300 ～ 500	100 ～ 300	50 ～ 100	50 ～ 100
水闸两侧的宽度	100 ～ 200	50 ～ 100	30 ～ 50	30 ～ 50	30 ～ 50

★高频考点：堤防工程保护范围

工程级别	1	2、3	4、5
保护范围的宽度（m）	200 ～ 300	100 ～ 200	50 ～ 100

★高频考点：水库工程区管理范围用地指标

工程区域	上游	下游	左右岸	其他
大型水库大坝	从坝轴线向上游 150 ～ 200m	从坝轴线向下游 200 ～ 300m	从坝段外延 100 ～ 300m	—
中型水库大坝	从坝轴线向上游 100 ～ 150m	从坝轴线向下游 150 ～ 200m	从坝段外延 100 ～ 250m	—
溢洪道（与水库坝体分离的）	—	—	—	由工程两侧轮廓线或开挖边线向外 50 ～ 200m，消力池以下 100 ～ 300m
其他建筑物	—	—	—	从工程外轮廓线或开挖边线向外 30 ～ 50m

★高频考点：水库工程区保护范围

序号	项目	内　　容
1	工程保护范围	在工程管理范围边界线外延。大型水库上、下游 300 ～ 500m，两侧 200 ～ 300m；中型水库上、下游 200 ～ 300m，两侧 100 ～ 200m
2	水库保护范围	由坝址以上，库区两岸（包括干、支流）土地征用线以上至第一道分水岭脊线之间的陆地

B30 水资源规划及水工程建设许可的要求

★高频考点：水资源规划的要求

《水法》第十四条规定，国家制定全国水资源战略规划。开发、利用、节约、保护水资源和防治水害，应当按照流域、区域统一制定规划。规划分为流域规划和区域规划。流域规划包括流域综合规划和流域专业规划；区域规划包括区域综合规划和区域专业规划。

水资源规划按层次分为全国战略规划、流域规划和区域规划。

★高频考点：水工程建设规划同意书制度

水工程，是指水库、拦河闸坝、引（调、提）水工程、堤防、水电站（含航运水电枢纽工程）等在江河、湖泊上开发、利用、控制、调配和保护水资源的各类工程。桥梁、码头、道路、管道等涉河建设工程不用办理规划同意书。

水工程未取得流域管理机构或者县级以上地方人民政府水行政主管部门按照管理权限审查签署的水工程建设规划同意书的，不得开工建设。有关水行政主管部门是指水利部流域管理机构或者县级以上地方人民政府水行政主管部门，水利部负责水工程建设规划同意书制度实施的监督管理，不受理申请和审查签署规划同意书。

B31 在河道湖泊上建设工程设施的防洪要求

★高频考点：防洪渠的分类

序号	类型	内　　容
1	洪泛区	尚无工程设施保护的洪水泛滥所及的地区
2	蓄滞洪区	包括分洪口在内的河堤背水面以外临时贮存洪水的低洼地区及湖泊等
3	防洪保护区	在防洪标准内受防洪工程设施保护的地区

★高频考点：在河道湖泊上建设工程设施的防洪要求

《防洪法》第二十七条规定，建设跨河、穿河、穿堤、临河的桥梁、码头、道路、渡口、管道、缆线、取水、排水等工程设施，应当符合防洪标准、岸线规划、航运要求和其他技术要求，不得危害堤防安全，影响河势稳定、妨碍行洪畅通；其工程建设方案未经有关水行政主管部门根据防洪要求审查同意的，建设单位不得开工建设。

《防洪法》第三十三条规定，在洪泛区、蓄滞洪区内建设非防洪建设项目，应当就洪水对建设项目可能产生的影响和建设项目对防洪可能产生的影响作出评价，编制洪水影响评价报告，提出防御措施。洪水影响评估报告未经有关水行政主管部门审查批准的，建设单位不得开工建设。在蓄滞洪区内建设的油田、铁路、公路、矿山、电厂、电信设施和管道，其洪水影响评价报告应当包括建设单位自行安排的防洪避洪方案。建设项目投入生产或者使用时，其防洪工程设施应当经水行政主管部门验收。在蓄滞洪区内建造房屋应当采用平顶式结构。

B32 大中型水利水电工程建设征地补偿标准的规定

★高频考点：大中型水利水电工程建设征地补偿标准的规定

《水法》第二十九条规定，国家对水工程建设移民实行开发性移民的方针，按照前期补偿、补助与后期扶持相结合的原则，妥善安排移民的生产和生活，保护移民的合法权益。

《大中型水利水电工程建设征地补偿和移民安置条例》（以下简称条例）指出，移民安置工作实行政府领导、分级负责、县为基础、项目法人参与的管理体制。

《条例》第二十一条规定，大中型水利水电工程建设项目用地，应当依法申请并办理审批手续，实行一次报批、分期征收，按期支付征地补偿费。对于应急的防洪、治涝等工程，经有批准权的人民政府决定，可以先行使用土地，事后补办用地手续。

《条例》第二十二条规定，大中型水利水电工程建设征收土地的土地补偿费和安置补助费，实行与铁路等基础设施项目用地同等补偿标准，按照被征收土地所在省、自治区、直辖市规定的标准执行。

C 级 知 识 点

（熟悉考点）

C1 测量仪器的使用

★高频考点：常用测量仪器及其作用

序号	项目		内容
1	水准仪	分类	（1）普通水准仪（DS3、DS10）：用于国家三、四等水准及普通水准测量，工程测量中一般使用DS3型微倾式普通水准仪。 （2）精密水准仪（DS05、DS1）：用于国家一、二等精密水准测量
		作用	用于水准测量，水准测量是利用水准仪提供的一条水平视线，借助于带有分划的尺子，测量出两地面点之间的高差，然后根据测得的高差和已知点的高程，推算出另一个点的高程
2	经纬仪	分类	按精度从高到低分为DJ05、DJ1、DJ2、DJ6和DJ10
		作用	进行角度测量的主要仪器，包括水平角测量和竖直角测量。另外，经纬仪也可用于低精度测量中的视距测量
3	电磁波测距仪	分类	按其所采用的载波可分为：用微波段的无线电波作为载波的微波测距仪、用激光作为载波的激光测距仪、用红外光作为载波的红外测距仪
		作用	用电磁波（光波或微波）作为载波传输测距信号，以测量两点间距离的，一般用于小地区控制测量、地形测量、地籍测量和工程测量等
4	全站仪		测量水平角、天顶距（竖直角）和斜距，借助于机内固化的软件，可以组成多种测量功能，如可以计算并显示平距、高差以及镜站点的三维坐标，进行偏心测量、悬高测量、对边测量、面积计算等
5	卫星定位系统		在大地测量、建筑物变形测量、水下地形测量等方面得到广泛的应用
6	水准尺		二等水准测量使用因瓦水准尺。三、四等水准测量或其他普通水准测量使用的水准尺是用干燥木料或者玻璃纤维合成材料制成，按其构造分为折尺、塔尺、直尺等数种，其横剖面成丁字形、槽形、工字形等

★高频考点：常用测量仪器的使用

序号	测量仪器		使用
1	水准仪	微倾水准仪	（1）安置水准仪和粗平。 （2）调焦和照准。 （3）精平。 （4）读数
		自动安平水准仪	粗平—照准—读数
2	经纬仪		（1）对中。 （2）整平。注意：直到仪器转到任何位置时，气泡都居中为止。 （3）照准。目镜调焦、粗瞄目标、物镜调焦、准确瞄准目标。 （4）读数
3	电磁波测距仪		（1）为测量 A、B 两点的距离 D，先在 A 点安置经纬仪，对中整平，然后将测距仪安置在经纬仪望远镜的上方。 （2）在 B 点安置反射器。 （3）瞄准反射器。 （4）设置单位、棱镜类型和比例改正开关在需要的位置。 （5）距离测量。 （6）运用键盘除可以实现上述测距外，还可通过输入有关数据计算平距、高差和坐标增量
4	全站仪		全站仪放样模式有两个功能，即测定放样点和利用内存中的已知坐标数据设置新点，如果坐标数据未被存入内存，则也可从键盘输入坐标

C2　水利水电工程施工测量的要求

★高频考点：常见比例尺表示形式

序号	项目	内容
1	数字比例尺	大比例尺：1∶500、1∶1000、1∶2000、1∶5000、1∶10000。 中比例尺：1∶25000、1∶50000、1∶100000。 小比例尺：1∶250000、1∶500000、1∶1000000

序号	项目	内　　容
2	图示比例尺	最常见的图示比例尺是直线比例尺。 可以表示为：1∶500、1∶1000、1∶2000

★高频考点：施工放样的基本工作

序号	项目	内　　容
1	放样数据准备	放样前应根据设计图纸和有关数据及使用的控制点成果，计算放样数据，绘制放样草图，所有数据、草图均应经两人独立计算与校核。 将施工区域内的平面控制点、高程控制点、轴线点、测站点等测量成果，以及设计图纸中工程部位的各种坐标（桩号）、方位、尺寸等几何数据编制成放样数据手册，供放样人员使用
2	平面布置放样方法	平面布置放样方法包括直角交会法、极坐标法、角度交会法、距离交会法
3	高程放样方法	高程放样方法包括水准测量法、光电测距三角高程法、解析三角高程法和视距法。对于高程放样中误差要求不大于±10mm的部位，应采用水准测量法
4	仪器、工具的检验	（1）施工放样使用的仪器，应定期按下列项目进行检验和校正： ① 经纬仪的三轴误差、指标差、光学对中误差，以及水准仪的 *i* 角，应经常检验和校正。 ② 光电测距仪的照准误差（相位不均匀误差），偏调误差（三轴平行性）及加常数、乘常数，一般每年进行一次检验。 （2）施工放样使用的工具应按下列项目进行检验： ① 钢带尺应通过检定，建立尺长方程式。 ② 水准标尺应测定红黑面常数差和标尺零点差。 ③ 塔尺应检查底面及结合处误差。 ④ 垂球应检查垂球尖与吊线是否同轴

★高频考点：开挖工程测量

序号	项目	内　　容
1	测量的内容	开挖区原始地形图和原始断面图测量；开挖轮廓点放样；开挖竣工地形、断面测量和工程量测算

序号	项目	内容
2	细部放样	开挖工程细部放样方法有极坐标法、测角前方交会法、后方交会法等，但基本的方法主要是极坐标法和前方交会法。直接用后方交会法放样开挖轮廓点的情况很少。采用测角前方交会法，宜用三个交会方向，以“半测回”标定即可。用极坐标法放样开挖轮廓点，测站点必须靠近放样点。 距离丈量可根据条件和精度要求从下列方法中选择： （1）用钢尺或经过比长的皮尺丈量，以不超过一尺段为宜。在高差较大地区，可丈量斜距加倾斜改正。 （2）用视距法测定，其视距长度不应大于 50m。预裂爆破放样，不宜采用视距法。 （3）用视差法测定，端点法线长度不应大于 70m
3	细部点的高程放样	可采用支线水准，光电测距三角高程或经纬仪置平测高法
4	断面测量和工程量计算	（1）开挖工程动工前，必须实测开挖区的原始断面图或地形图；开挖过程中，应定期测量收方断面图或地形图；开挖工程结束后，必须实测竣工断面图或竣工地形图，作为工程量结算的依据。 （2）开挖施工过程中，应定期测算开挖完成量和工程剩余量。开挖工程量的结算应以测量收方的成果为依据。开挖工程量的计算中面积计算方法可采用解析法或图解法（求积仪）。 （3）两次独立测量同一区域的开挖工程量其差值小于 5%（岩石）和 7%（土方）时，可取中数作为最后值

★高频考点：施工期间的外部变形监测

序号	项目		内容
1	监测的内容		施工区的滑坡观测；高边坡开挖稳定性监测；围堰的水平位移和沉陷观测；临时性的基础沉陷（回弹）和裂缝监测等。 变形观测的基点，应尽量利用施工控制网中较为稳固可靠的控制点，也可建立独立的、相对的控制点，其精度应不低于四等网的标准
2	选点与埋设	工作基点	（1）基点必须建立在变形区以外稳固的基岩上。对于在土质和地质不稳定地区设置基点时应进行加固处理。基点应尽量靠近变形区，其位置的选择应注意使它们对测点构成有利的作业条件。 （2）工作基点一般应建造具有强制归心的混凝土观测墩。 （3）垂直位移的基点，至少要布设一组，每组不少于三个固定点

序号	项目		内　　容
2	选点与埋设	测点	（1）测点应与变形体牢固结合，并选在变形幅度、变形速率大的部位，且能控制变形体的范围。 （2）滑坡测点宜设在滑动量大、滑动速度快的轴线方向和滑坡前沿区等部位。 （3）高边坡稳定监测点，宜呈断面形式布置在不同的高程面上，其标志应明显可见，尽量做到无人立标。 （4）采用视准线监测的围堰变形点，其偏离视准线的距离不应大于20mm。垂直位移测点宜与水平位移测点合用。 （5）山体或建筑物裂缝观测点，应埋设在裂缝的两侧
3	观测方法的选择		一般情况下，滑坡、高边坡稳定监测采用交会法；水平位移监测采用视准线法（活动觇牌法和小角度法）；垂直位移观测，宜采用水准观测法，也可采用满足精度要求的光电测距三角高程法；地基回弹宜采用水准仪与悬挂钢尺相配合的观测方法

★高频考点：测量误差的分类

序号	类型	内　　容
1	系统误差	在相同的观测条件下，对某一量进行一系列的观测，如果出现的误差在符号和数值上都相同，或按一定的规律变化，这种误差称为“系统误差”
2	偶然误差	在相同的观测条件下，对某一量进行一系列的观测，如果误差出现的符号和数值大小都不相同，从表面上看没有任何规律性，这种误差称为“偶然误差”
3	粗差	由于观测者粗心或者受到干扰造成的错误

C3　水利水电工程地质与水文地质条件分析

★高频考点：边坡的工程地质条件分析

序号	项目		内　　容
1	边坡变形破坏类型	松弛张裂	由于在临谷部位的岩体被冲刷侵蚀掉或人工开挖，使边坡岩体失去约束，应力重新调整分布，从而使岸坡岩体发生向临空面方向的回弹变形及产生近平行于边坡的拉张裂隙现象，又称为边坡卸荷裂隙

序号	项目		内　　容
1	边坡变形破坏类型	蠕动变形	指边坡岩（土）体主要在重力作用下向临空方向发生长期缓慢的塑性变形的现象，有表层蠕动和深层蠕动（侧向张裂）两种类型
		崩塌	较陡边坡上的岩（土）体在重力作用下突然脱离母体崩落、滚动堆积于坡脚的地质现象。在坚硬岩体中发生的崩塌也称岩崩，而在土体中发生的则称土崩
		滑坡	边坡岩（土）体主要在重力作用下沿贯通的剪切破坏面发生滑动破坏的现象，称为滑坡。 是分布最广、危害最大的一种
2	影响边坡稳定的因素		地形地貌条件的影响；岩土类型和性质的影响；地质构造和岩体结构的影响；水的影响；其他因素包括风化因素、人工挖掘、振动、地震

★高频考点：土质基坑工程地质条件分析

序号	项目			内　　容
1	土质边坡稳定措施			为防止边坡失稳，通常采取措施有：采取合理坡度、设置边坡护面、基坑支护、降低地下水位
2	基坑降排水	目的		增加边坡的稳定性；对于细砂和粉砂土层的边坡，防止流砂和管涌的发生；对下卧承压含水层的黏性土基坑，防止基坑底部隆起；保持基坑土体干燥，方便施工
		方式	明排法	适用条件： （1）不易产生流砂、流土、潜蚀、管涌、淘空、塌陷等现象的黏性土、砂土、碎石土的地层。 （2）基坑地下水位超出基础底板或洞底标高不大于 2.0m
			轻型井点	适用条件： （1）黏土、粉质黏土、粉土的地层。 （2）基坑边坡不稳，易产生流土、流砂、管涌等现象。 （3）地下水位埋藏小于 6.0m，宜用单级真空点井；当大于 6.0m 时，场地条件有限宜用喷射点井、接力点井；场地条件允许宜用多级点井

序号	项目			内　　容
2	基坑降排水	方式	管井井点	水适用条件： （1）第四系含水层厚度大于 5.0m。 （2）含水层渗透系数 K 宜大于 1.0m/d

C4　水利水电工程合理使用年限及耐久性

★高频考点：水利工程合理使用年限

单位：年

工程等别	工程类别					
	水库	防洪	治涝	灌溉	供水	发电
Ⅰ	150	100	50	50	100	100
Ⅱ	100	50	50	50	100	100
Ⅲ	50	50	50	50	50	50
Ⅳ	50	30	30	30	30	30
Ⅴ	50	30	30	30	—	30

注：工程类别中水库、防洪、治涝、灌溉、供水、发电分别表示水库库容、保护目标重要性和保护农田面积、治涝面积、灌溉面积、供水对象重要性、发电装机容量来确定工程等别。

★高频考点：水利水电工程各类永久性水工建筑物的合理使用年限

单位：年

建筑物类别	建筑物级别				
	1	2	3	4	5
水库壅水建筑物	150	100	50	50	50
水库泄洪建筑物	150	100	50	50	50

建筑物类别	建筑物级别				
	1	2	3	4	5
调（输）水建筑物	100	100	50	30	50
发电建筑物	100	100	50	30	30
防洪（潮）、供水水闸	100	100	50	30	30
供水泵站	100	100	50	30	30
堤防	100	50	50	30	20
灌排建筑物	50	50	50	30	20
灌溉渠道	50	50	50	30	20

注：水库壅水建筑物不包括定向爆破坝、橡胶坝。

1级、2级永久性水工建筑物中闸门的合理使用年限应为50年，其他级别的永久性水工建筑中闸门的合理使用年限应为30年。

★高频考点：水利水电工程及其建筑物耐久性

建筑物耐久性是指在设计确定的环境作用和规定的维修、使用条件下，建筑物在合理使用年限内保持其适用性和安全性的能力。

水利水电工程及其水工建筑物耐久性设计应包括下列内容：

（1）明确工程及其水工建筑物的合理使用年限；

（2）确定建筑物所处的环境条件；

（3）提出有利于减轻环境影响的结构构造措施及材料的耐久性要求；

（4）明确钢筋的混凝土保护层厚度、混凝土裂缝控制等要求；

（5）提出结构的防冰冻、防腐蚀等措施；

（6）提出解决水库泥沙淤积的措施；

（7）提出耐久性所需的施工技术要求和施工质量验收要求；

（8）提出正常运用原则和管理过程中需要进行正常维修、检测的要求。

C5　水工建筑物结构受力状况及主要设计方法

★高频考点：水工建筑物的分类

水工建筑物按功能分类：
- 挡水建筑物
- 泄水建筑物
- 输水建筑物
- 取（进）水建筑物
- 渠系建筑物
- 河道整治建筑物
- 专门建筑物

★高频考点：水工建筑物抗滑稳定分析

稳定分析是水工建筑物设计的一项重要内容。目前水工建筑物的稳定分析采用整体宏观的半经验法。

重力坝抗滑稳定计算受力简图如下图所示。

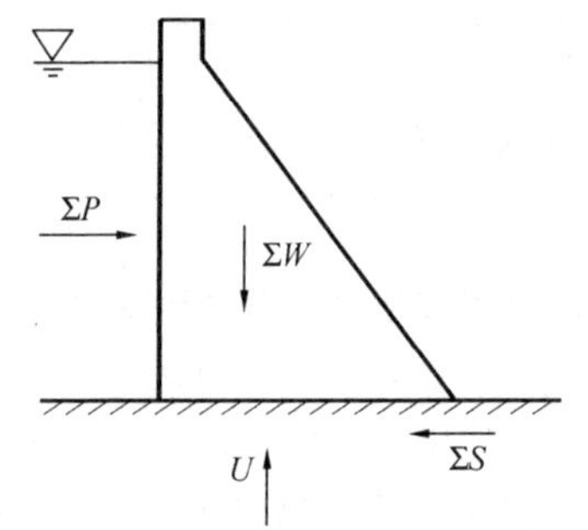

重力坝抗滑稳定计算受力简图

ΣP—水压力；ΣW—自重；U—扬压力；ΣS—摩擦力

水闸闸室抗滑稳定计算受力简图如下图所示。

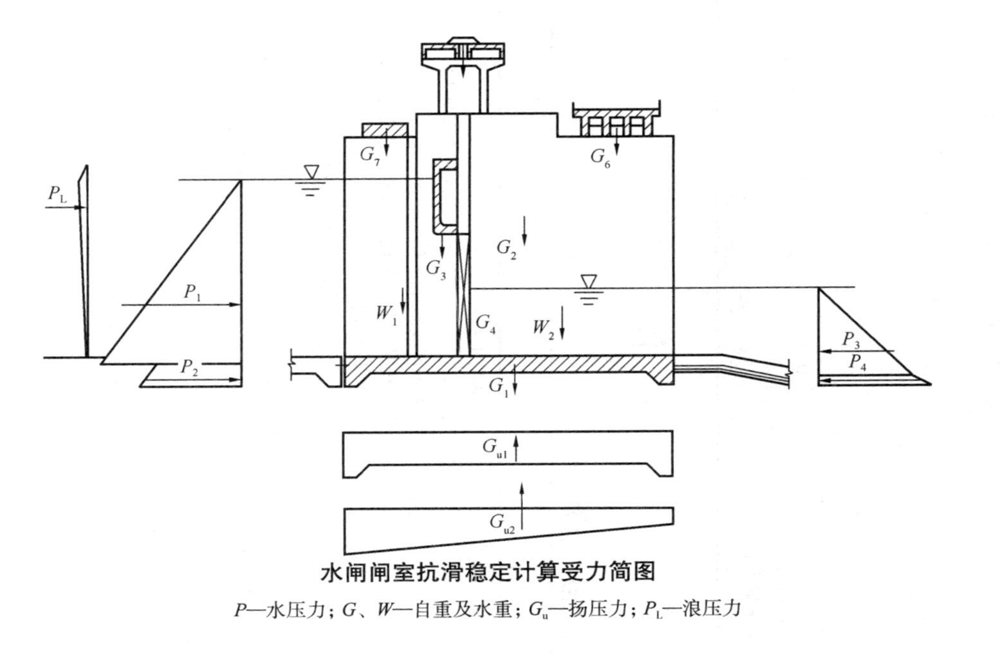

水闸闸室抗滑稳定计算受力简图

P—水压力；G、W—自重及水重；G_u—扬压力；P_L—浪压力

★高频考点：水工建筑物渗流分析

序号	项目	内　　容
1	导致大坝灾难性破坏的原因及基本模式	（1）溢洪道的泄洪能力不足，洪水漫过原来按不过水坝设计的坝顶，溢流而下。 （2）坝体连同部分地基沿软弱面发生滑移破坏。 （3）坝体因扬压力过大而沿坝基面滑动。 （4）坝体或坝基因管涌或流土而破坏。 （5）坝的上、下边坡发生滑移破坏
2	渗流分析主要内容	渗流分析主要内容有：确定渗透压力；确定渗透坡降（或流速）；确定渗流量。 对土石坝，还应确定浸润线的位置

C6　水力荷载

★高频考点：水力荷载

序号	项目	内　　容
1	静水压力	（1）枢纽建筑物的静水压力： ① 持久设计状况，上游采用水库的正常蓄水位（或防洪高水位），下游采用可能出现的不利水位。 ② 偶然设计状况，上游采用水库的校核洪水位，下游采用水库在该水位泄洪时的水位。 ③ 短暂设计状况，采用设计预定该建筑物在检修期的上、下游水位。 水工建筑物抗震计算时的水库计算水位，可采用正常蓄水位；对于多年调节水库论证后可采用低于正常蓄水位的上游水位。 （2）水工闸门的静水压力： 设置在发电、供水、泄水和排沙等建筑物进水口（或泄水道内）的工作闸门或事故闸门，其持久设计状况和偶然设计状况下静水压力代表值的计算水位，应按建筑物进水口的上游计算水位采用。对于溢洪道露顶式工作闸门，可不考虑偶然设计状况
2	扬压力	岩基上各类混凝土坝坝底面的扬压力分布图形可按下列三种情况分别确定： （1）当坝基设有防渗帷幕和排水孔时，坝底面上游（坝踵）处的扬压力作用水头为 H_1，排水孔中心线处为 $H_2+\alpha(H_1-H_2)$，下游（坝趾）处为 H_2，其间各段依次以直线连接。

序号	项目	内　容
2	扬压力	（2）当坝基设有防渗帷幕和上游主排水孔，并设有下游副排水孔及抽排系统时，坝底面上游处的扬压力作用水头为 H_1，主、副排水孔中心线处分别为 $\alpha_1 H_1$、$\alpha_2 H_2$，下游处为 H_2，其间各段依次以直线连接。 （3）当坝基未设防渗帷幕和上游排水孔时，坝底面上游处的扬压力作用水头为下游处为 H_1，其间以直线连接
3	动水压力	动水压力是指水流流速和方向改变时，对建筑物过流面所产生的压力，包括时均压力和脉动压力
4	浪压力	因波浪对水工建筑物临水面形成的浪压力与波浪的几何要素直接相关。波浪的几何要素包括波高、波长、波速等
5	冰压力	冰压力包括静冰压力和动冰压力

C7　水流形态及消能与防冲方式

★高频考点：水流形态

序号	水流形态	内　容
1	恒定流与非恒定流	（1）流场中任何空间上所有的运动要素（如时均流速、时均压力、密度等）都不随时间而改变的水流称为恒定流。 （2）流场中任何空间上有任何一个运动要素随时间而改变的水流称为非恒定流
2	均匀流与非均匀流	（1）当水流的流线为相互平行的直线时的水流称为均匀流。 （2）当水流的流线不是相互平行的直线时的水流称为非均匀流。按照流线不平行和弯曲的程度，可将非均匀流分为渐变流和急变流两种类型
3	层流与紊流	（1）当流速较小，各流层的液体质点有条不紊地运动，互不混掺，该流动形态为层流。 （2）当流速较大，各流层的液体质点形成涡体，在流动过程中互不混掺，该流动形态为紊流
4	急流与缓流	（1）当水深小于临界水深，佛汝德数大于1的水流，称为急流。 （2）当水深大于临界水深，佛汝德数小于1的水流，称为缓流

★高频考点：消能与防冲方式

序号	消能与防冲方式	原　　理	适用范围
1	底流消能	利用水跃消能，将泄水建筑物泄出的急流转变为缓流，以消除多余动能的消能方式	—
2	挑流消能	利用溢流坝下游设置挑流坎，把高速水流挑射到下游空中，在空中扩散、掺气、与空气摩擦，消耗部分能量后，水流跌落到坝下游河道内，在尾水水深中发生漩涡、冲击、掺搅、紊动、扩散、剪切，进一步消耗水流的大部分能量	适用于坚硬岩基上的高、中坝
3	面流消能	当下游水深较大且比较稳定时，利用鼻坎将下泄的高速水流的主流挑至下游水面，在主流与河床之间形成巨大的底部旋滚，旋滚流速较低，避免高速水流对河床的冲刷	适用于中、低水头工程尾水较深，流量变化范围较小，水位变幅较小，或有排冰、漂木要求的情况。一般不需要做护坦
4	消力戽消能	利用泄水建筑物的出流部分造成具有一定反弧半径和较大挑角所形成的戽斗，在下游尾水淹没挑坎的条件下，形不成自由水舌，高速水流在戽斗内产生激烈的表面旋滚，后经鼻坎将高速的主流挑至水面。并通过戽后的涌浪及底部旋滚而获得较大的消能效果	适用于尾水较深，流量变化范围较小，水位变幅较小，或有排冰、漂木要求的情况。一般不需要做护坦
5	水垫消能	拱坝泄流采用坝顶泄流或孔口泄流方式时，利用下游水深形成的水垫来消耗水流能量	—
6	空中对冲消能	在狭窄河谷修建拱坝时，利用拱冠两侧对称设置溢流表孔或泄水孔，使两侧挑射水流在空中形成对冲，消耗能量	—

C8　围堰的类型、布置与设计

★高频考点：围堰的类型

序号	类型	内　　容
1	土石围堰	土石围堰能充分利用当地材料，对基础适应性强，施工工艺简单，应优先采用

序号	类型	内　　容
2	混凝土围堰	混凝土围堰的特点是挡水水头高，底宽小，抗冲能力大，堰顶可溢流。尤其是在分段围堰法导流施工中，用混凝土浇筑的纵向围堰可以两面挡水，而且可与永久建筑物相结合作为坝体或闸室体的一部分
3	钢板桩格形围堰	钢板桩格形围堰是由一系列彼此相连的格体形成外壳，然后在内填以土料或砂料构成。 应用较多的是圆筒形格体。装配式钢板桩格型围堰适用于在岩石地基或混凝土基座上建造，其最大挡水水头不宜大于30m；打入式钢板桩围堰适用于细砂砾石层地基，其最大挡水水头不宜大于20m
4	草土围堰	草土围堰是指先铺一层草捆，然后铺一层土的草与土混合结构，断面一般为矩形或边坡较陡的梯形
5	袋装土围堰	袋装土围堰是指用土工合成材料编织成一定规格的袋子，用泥浆泵充填沙性土，垒砌后经泌水密实成型的土方工程。在河堤的抢险、围海工程中也较常使用

★高频考点：围堰稳定及堰顶高程

（1）土石围堰边坡稳定安全系数应满足下表的规定。

围堰级别	计算方法	
	瑞典圆弧法	简化毕肖普法
3级	≥1.20	≥1.30
4级、5级	≥1.05	≥1.15

（2）重力式混凝土围堰、浆砌石围堰采用抗剪断公式计算，安全系数 K' 应小于3.0，排水失效时，安全系数 K' 应不小于2.5；采用抗剪强度公式计算时，安全系数 K 应不小于1.05。

不过水围堰堰顶高程和堰顶安全加高值应符合下列规定：

（1）堰顶高程不低于设计洪水的静水位与波浪高度及堰顶安全加高值之和，其堰顶安全加高不低于下表的值。

围堰类型	围堰级别	
	3	4～5
土石围堰	0.7	0.5
混凝土围堰、浆砌石围堰	0.4	0.3

（2）土石围堰防渗体顶部在设计洪水静水位以上的加高值：斜墙式防渗体为0.6～0.8m；心墙式防渗体为0.3～0.6m。

C9 防渗墙施工技术

★高频考点：防渗墙的类型

序号	划分标准	内　　容
1	按墙体结构形式分类	主要有桩柱形防渗墙、槽孔形防渗墙和混合形防渗墙三类
2	按墙体材料分类	主要有普通混凝土防渗墙、钢筋混凝土防渗墙、黏土混凝土防渗墙、塑性混凝土防渗墙和灰浆防渗墙
3	按成槽方法分类	薄防渗墙的成槽可根据地质条件选用薄形抓斗成槽、冲击钻成槽、射水法成槽和锯槽机成槽
4	按布置方式分类	主要有嵌固式防渗墙、悬挂式防渗墙和组合式防渗墙

★高频考点：防渗墙质量检查

序号	项目	内　　容
1	槽孔建造的终孔质量检查	（1）孔深、槽孔中心偏差、孔斜率、槽宽和孔形。 （2）基岩岩样与槽孔嵌入基岩深度。 （3）一期、二期槽孔间接头的套接厚度
2	槽孔的清孔质量检查	（1）接头孔刷洗质量。 （2）孔底淤积厚度。 （3）孔内泥浆性能（包括密度、黏度、含砂量）
3	混凝土浇筑质量检查	（1）导管布置。 （2）导管埋深。 （3）浇筑混凝土面的上升速度。 （4）钢筋笼、预埋件、观测仪器安装埋设。 （5）混凝土面高差
4	墙体材料检查	（1）混凝土成型试件应在槽孔口现场取样。 （2）抗压强度试件每个墙段至少成型1组，大于500m^{3}的墙段至少成型2组；抗渗性能试件每8～10个墙段成型1组。 （3）薄墙抗压强度试件每5个墙段成型1组，抗渗性能试件每20个墙段成型1组。 （4）固化灰浆和自凝灰浆应进行抗压及抗渗试验，试验组数根据工程规模确定。 （5）确需进行弹性模量试验时，弹性模量试件数量根据需要确定

C10 锚固技术

★高频考点：地下洞室的锚固

序号	支护形式	内　容
1	锚杆支护	根据围岩变形和破坏的特性，从发挥锚杆不同作用的角度考虑，锚杆在洞室的布置有局部（随机）锚杆和系统锚杆
2	喷混凝土支护	喷混凝土是利用压缩空气或其他动力，将按一定配比拌制的混凝土混合物沿管路输送至喷头处，以较高速度垂直喷射于受喷面，依赖喷射过程中水泥与集料的连续撞击，压密而形成的薄层支护结构
3	钢筋网支护	当地下洞室跨度较大或围岩较破碎时，可采用钢筋网支护。钢筋网可在喷射混凝土支护前防止锚杆间松动岩块的脱落，还可以提高喷射混凝土的整体性
4	预应力锚索支护	预应力锚索是利用高强钢丝束或钢绞线穿过滑动面或不稳定区深入岩体深层，利用锚索体的高抗拉强度增大正向拉力，改善岩体的力学性质，增加岩体的抗剪强度，并对岩体起加固作用，增大岩层间的挤压力。预应力锚索分为有粘结和无粘结锚索两种

C11 地下工程施工

★高频考点：地下工程施工

序号	项目	规　定
1	洞口开挖	洞口段一般采用先导洞后扩挖的方法施工，采取浅孔弱爆破。断面较小时也可采用全断面开挖、及时支护的方法，当洞口明挖量大或岩体稳定性差，工期紧张时，可利用施工支洞或导洞自内向外开挖，并及时做好支护。明挖与洞挖实行平行作业时，应对安全进行评估，并采取相应措施
2	平洞开挖	中小断面洞室，宜采用全断面开挖；大断面、特大断面宜采用分层、分区开挖。 下列情况可采用预先贯通导洞法施工：（1）地质条件复杂，需进一步查清；（2）为解决排水或降低地下水位；（3）改善通风和优化交通。

序号	项目	规　　定
2	平洞开挖	开挖循环进尺应根据围岩情况、断面大小和支护能力、监测结果等条件进行控制，在Ⅳ类围岩中一般控制在 2m 以内，在Ⅴ类围岩中一般控制在 1m 以内
3	斜井与竖井开挖	斜井开挖：斜井倾角为 6°～30°时，宜采用自上而下全断面开挖。倾角为 30°～45°时，可采用自上而下全断面开挖或自下而上开挖；采用自下而上开挖时，应有扒渣和溜渣设施；倾角为 45°～75°时、可采用自下而上先挖导井、再自上而下扩挖，或自下而上全断面开挖。 竖井开挖：若不具备从竖井底部出渣的条件时，应全断面自上而下开挖；当竖井底部有出渣通道，且竖井断面较大时、可选用导井开挖，扩挖宜自上而下进行。当竖井底部有出渣通道时，小断面竖井和导井可采用反井钻机法、爬罐法或吊罐法进行自下而上全断面开挖。在土层中开挖竖井时，应自上而下开挖、边开挖边支护

C12　土石坝的施工质量控制

★高频考点：料场的质量检查和控制

（1）对土料场应经常检查所取土料的土质情况、土块大小、杂质含量和含水量等。其中含水量的检查和控制尤为重要。

（2）若土料的含水量偏高，一方面应改善料场的排水条件和采取防雨措施，另一方面需将含水量偏高的土料进行翻晒处理，或采取轮换掌子面的办法，使土料含水量降低到规定范围再开挖。

（3）当含水量偏低时，对于黏性土料应考虑在料场加水。对非黏性土料可用洒水车在坝面喷洒加水，避免运输时从料场至坝上的水量损失。

（4）当土料含水量不均匀时，应考虑堆筑“土牛”（大土堆），使含水量均匀后再外运。

（5）对石料场应经常检查石质、风化程度、石料级配大小及形状等是否满足上坝要求。如发现不合要求，应查明原因，及时处理。

★高频考点：坝面的质量检查和控制

（1）在坝面作业中，应对铺土厚度、土块大小、含水量、压实后的干密度等进行检查，并提出质量控制措施。对黏性土，含水量的检测是关键，可用含水量测定仪测定。干密度的测定，黏性土一般可用体积为 200 ～ 500cm^3 的环刀取样测定；砂可用体积为 500cm^3 的环刀取样测定；砾质土、砂砾料、反滤料用灌水法或灌砂法测定；堆石因其空隙大，一般用灌水法测定。当砂砾料因缺乏细料而架空时，也用灌水法测定。

（2）根据地形、地质、坝料特性等因素，在施工特征部位和防渗体中，选定一些固定取样断面，沿坝高 5 ～ 10m，取代表性试样（总数不宜少于 30 个）进行室内物理力学性能试验，作为核对设计及工程管理之根据。此外，还须对坝面、坝基、削坡、坝肩接合部、与刚性建筑物连接处以及各种土料的过渡带进行检查。

（3）对于反滤层、过渡层、坝壳等非黏性土的填筑，主要应控制压实参数。对于反滤层铺填的厚度、是否混有杂物、填料的质量及颗粒级配等应全面检查。通过颗粒分析，查明反滤层的层间系数（D_{50}/d_{50}）和每层的颗粒不均匀系数（d_{60}/d_{10}）是否符合设计要求。

（4）土坝的堆石棱体主要应检查土坝石料的质量、风化程度、石块的重量、尺寸、形状、堆筑过程有无离析架空现象发生等。对于堆石的级配、孔隙率大小，应分层分段取样，检查是否符合规范要求。随坝体的填筑应分层埋设沉降管，对施工过程中坝体的沉陷进行定期观测，并作出沉陷随时间的变化过程线。

（5）对于坝体填料的质量检查记录，应及时整理，分别编号存档，编制数据库，既作为施工过程全面质量管理的依据，也作为坝体运行后进行长期观测和事故分析的佐证。

★高频考点：负温施工的质量检查和控制

（1）当日平均气温低于 0℃时，黏性土料应按低温季节进行施工管理。

（2）当日平均气温低于 –10℃时，不宜填筑土料。负温施工注意以下 3 点：①黏性土含水量略低于塑性，防渗体土料含水量不大于塑性的 90%。压实土料温度应在 –1℃以上。宜采用重型碾压机械。坝体分段结合处不得存在冻土层、冰块。②砂砾料的含水量应小于4%，不得加水。填筑时应基本保持正温，冻料含量控制在10%以下，冻块粒径不超过10cm，且均匀分布。③当日最低气温低于-10℃时，可以采用搭建暖棚进行施工。

C13　面板及趾板施工

★高频考点：混凝土面板的施工

序号	运输方案	内　　容
1	混凝土面板的分块	面板纵缝的间距决定了面板的宽度，由于面板通常采用滑模连续浇筑，因此，面板的宽度决定了混凝土浇筑能力，也决定了钢模的尺寸及其提升设备的能力。面板通常有宽、窄块之分。应根据坝体变形及施工条件进行面板分缝分块
2	垂直缝砂浆条铺设	垂直缝砂浆条一般宽50cm，是控制面板体型的关键。砂浆由坝顶通过运料小车到达工作面，根据设定的坝面拉线进行施工，一般采用人工抹平，其平整度要求较高
3	钢筋架立	（1）面板宜采用单层双向钢筋，钢筋宜置于面板截面中部，每向配筋率为0.3%～0.4%，水平向配筋率可少于竖向配筋率。 （2）在拉应力区或岸边周边缝及附近可适当配置增强钢筋。高坝在邻近周边缝的垂直缝两侧宜适当布置抵抗挤压的构造钢筋，但不应影响止水安装及其附近混凝土振捣质量。 （3）计算钢筋面积应以面板混凝土的设计厚度为准
4	面板混凝土浇筑	（1）通常面板混凝土采用滑模浇筑。滑模由坝顶卷扬机牵引，在滑升过程中，对出模的混凝土表面要及时进行抹光处理，及时进行保护和养护。 （2）混凝土由混凝土搅拌车运输，溜槽输送混凝土入仓。12m宽滑模用两条溜槽入仓，16m的则采用三条，通过人工移动溜槽尾节进行均匀布料。 （3）施工中应控制入槽混凝土的坍落度在3～6cm，振捣器应在滑模前50cm处进行振捣。 （4）起始板的浇筑通过滑模的转动、平移（平行侧移）或先转动后平移等方式完成。转动由开动坝顶的一台卷扬机来完成，平移由坝顶两台卷扬机和侧向手动葫芦共同完成
5	面板养护	面板的养护包括保温、保湿两项内容。一般采用草袋保温，喷水保湿，并要求连续养护

★高频考点：沥青混凝土面板施工

序号	项目	内　　容
1	沥青混凝土面板的施工方法	碾压法、浇筑法、预制装配法以及填石振动法
2	沥青混凝土面板的施工特点	在于铺填及压实层薄，通常板厚 10 ～ 30cm，施工压实层厚仅 5 ～ 10cm，且铺填及压实均在坡面上进行

C14　混凝土运输方案

★高频考点：混凝土运输方案分类

序号	项目	内　　容
1	车辆运送混凝土	自卸汽车、料罐车、搅拌车等车辆运送混凝土，应遵守下列规定： （1）运输道路保持平整。 （2）装载混凝土的厚度不小于 40cm，车厢严密、平滑、不漏浆。 （3）搅拌车装料前，应将拌筒内积水清理干净。运送途中，拌筒保持 3 ～ 6r/min 的慢速转动，并不应往拌筒内加水。 （4）不宜采用汽车运输混凝土直接入仓
2	起重机及其他起吊设备配吊罐运送混凝土	门式、塔式、缆式起重机以及其他起吊设备配吊灌运送混凝土应遵守下列规定： （1）定期对起吊设备进行检查维修，保证设备完好。 （2）起吊设备的起吊能力、吊罐容量与混凝土入仓强度相适应。 （3）起吊设备运转时，与周围施工设备及建筑物保持安全距离，并安装防撞装置。 （4）吊罐入仓时，采取措施防止撞击模板、钢筋和预埋件等
3	胶带机运送混凝土	胶带机（包括塔带机、胎带机、布料机等）运送混凝土应遵守下列规定： （1）避免砂浆损失和集料分离，必要时可适当增大砂率。 （2）混凝土最大集料粒径大于 80mm 时，进行适应性试验。 （3）卸料处设置挡板、卸料导管和刮板。 （4）布料均匀。 （5）卸料后及时清洗胶带机上粘附的水泥砂浆，并防止冲洗水流入仓内和污染其他物体。 （6）露天胶带机上搭设盖棚。高温季节和低温季节有适当的保温措施。 （7）塔带机、胎带机卸料胶筒不应对接，胶筒长度宜控制在 6 ～ 12m

序号	项目	内　容
4	溜筒、溜管、溜槽、负压（真空）溜槽运送混凝土	溜筒、溜管、溜槽、负压（真空）溜槽运送混凝土应遵守下列规定： （1）溜筒（管、槽）内壁平顺、光滑、不漏浆，混凝土运输前用砂浆或干净水润滑溜筒（管、槽）内壁，用水润滑时，应将水排出仓外。 （2）溜筒（管、槽）形式、高度及适宜的混凝土坍落度试验确定，试验场地不应选取主体建筑物。 （3）溜筒（管、槽）每节之间应连接牢固，并有防脱落措施。 （4）运输和卸料过程中避免砂浆损失和集料分离，必要时可设置缓冲装置，不应向溜筒（管、槽）内混凝土加水。 （5）运输结束或溜筒（管、槽）堵塞处理后，应及时冲洗
5	混凝土泵输送混凝土	混凝土泵输送混凝土应遵守下列规定： （1）混凝土泵和输送管安装前，应彻底清除管内污物及水泥砂浆，并用压力水冲洗干净。安装后及时检查，防止脱落、漏浆。 （2）泵送混凝土最大集料粒径不应大于导管直径的1/3，并不应有超径集料进入混凝土泵内。 （3）泵送混凝土之前应先泵送砂浆润滑。 （4）应保持泵送混凝土的连续性。 （5）泵送混凝土输送完毕后，应及时用压力水清洗混凝土泵和输送管

★高频考点：选择混凝土运输浇筑方案的原则

（1）选用的运输设备，应使混凝土在运输过程中不发生泄漏、分离、漏浆、严重泌水，并减少温度回升和坍落度损失等。

（2）不同级配、不同强度等级（标号）或其他特性不同的混凝土同时运输时，应在运输设备上设置明显的区分标志或识别系统。

（3）混凝土运输过程中，应缩短运输时间，减少转运次数，不应在运输途中和卸料过程中加水。

（4）混凝土运输过程中，因故停歇过久，混凝土拌合物出现下列情况之一者，应按不合格料处理：

① 混凝土产生初凝。

② 混凝土塑性降低较多，已无法振捣。

③ 混凝土被雨水淋湿严重或混凝土失水过多。

④ 混凝土中含有冻块或遭受冰冻，严重影响混凝土质量。

（5）不论采用何种运输设备，混凝土自由下落高度不宜大于2m，超过时，应采取缓降或其他措施，防止集料分离。

C15 大体积混凝土温控措施

★高频考点：混凝土温度控制措施

序号	项目	内　　容
1	原材料温度控制	（1）水泥运至工地的入罐或入场温度不宜高于65℃。 （2）应控制成品料仓内集料的温度和含水率，细集料表面含水率不宜超过6%，应采取下列主要措施： ① 成品料仓宜采用筒仓；料仓除有足够的容积外，宜维持集料不小于6m的堆料厚度，或取料温度不受日气温变幅的影响。细集料料仓的数量和容积应足够细集料脱水轮换使用。 ② 料仓搭设遮阳防雨棚，粗集料可采取喷雾降温。 ③ 宜通过地垅取料，采取其他运料方式时应减少转运次数。 （3）拌合水储水池应有防晒设施，储水池至拌合楼的水管应包裹保温材料
2	混凝土生产过程温度控制	降低混凝土出机口温度宜采取下列措施： （1）常态混凝土的粗集料可采用风冷、浸水、喷淋冷水等预冷措施，碾压混凝土的粗集料宜采用风冷措施。采用风冷时冷风温度宜比集料冷却终温低10℃，且经风冷的集料终温不应低于0℃。喷淋冷水的水温不宜低于2℃。 （2）拌合楼宜采用加冰、加制冷水拌合混凝土。加冰时宜采用片冰或冰屑，常态混凝土加冰率不宜超过总水量的70%，碾压混凝土加冰率不宜超过总水量的50%。加冰时可适当延长拌合时间
3	混凝土运输和浇筑过程温度控制	（1）应提出混凝土运输及卸料时间要求；混凝土运输机具应采取隔热、保温、防雨等措施。应提出混凝土坯层覆盖时间要求；混凝土入仓后、初凝前应及时进行平仓、振捣或碾压。混凝土出拌合楼机口至振捣或碾压结束，温度回升值不宜超过5℃，且混凝土浇筑温度不宜大于28℃。 （2）混凝土平仓、振捣或碾压后，应及时覆盖聚乙烯泡沫塑料板、聚乙烯气垫薄膜、保温被等保温材料；浇筑或碾压上坯层混凝土时应揭去保温材料。 （3）浇筑仓内气温高于25℃时应采用喷雾措施，喷雾应覆盖整个仓面，雾滴直径应达到40～80μm，同时应防止混凝土表面积水。喷雾后仓内气温较仓外气温降低值不宜小于3℃。混凝土终凝后，可结束喷雾

序号	项目	内　　容
4	浇筑后温度控制	（1）混凝土浇筑后温度控制宜采用冷却水管通水冷却、表面流水冷却、表面蓄水降温等措施。坝体有接缝灌浆要求时，应采用水管通水冷却方法。 （2）高温季节，常态混凝土终凝后可采用表面流水冷却或表面蓄水降温措施。表面流水冷却的仓面宜设置花管喷淋，形成表面流动水层；表面蓄水降温应在混凝土表面形成厚度不小于5cm的覆盖水层。 （3）坝高大于200m或温度控制条件复杂时，宜采用自动调节通水降温的冷却控制物方法

★高频考点：施工期温度监测与分析

序号	项目	内　　容
1	原材料温度监测	（1）水泥、掺合料、集料、水和外加剂等原材料的温度应至少每4h测量1次，低温季节施工宜加密至每1h测量1次。 （2）测量水、外加剂溶液和细集料的温度时，温度传感器或温度计插入深度不小于10cm；测量粗集料温度时，插入深度不小于10cm并大于集料粒径的1.5倍，周围用细粒径料充填
2	混凝土出机口温度、入仓温度和浇筑温度监测	（1）混凝土出机口温度应每4h测量1次；低温季节施工时宜加密至每2h测量1次。 （2）混凝土入仓后平仓前，应测量深5～10cm处的入仓温度。入仓温度应每4h测量1次；低温季节施工时，宜加密至每2h测量1次。 （3）混凝土经平仓、振捣或碾压后、覆盖上坯混凝土前，应测量本坯混凝土面以下5～10cm处的浇筑温度。浇筑温度测温点应均匀分布，且应覆盖同一仓面不同品种的混凝土；同一坯层每100m^2仓面面积应有1个测温点，且每个坯层应不少于3个测温点
3	混凝土内部温度监测	（1）施工期坝体混凝土温度监测应充分利用坝内埋设的永久观测仪器。 （2）混凝土温度监测可采用电阻式温度计、数字式温度计等观测仪器；也可采用预设温孔灌水法，孔深大于15cm，用温度计测量。 （3）各坝段基础约束区每1～2个浇筑层宜布置1个测温点，非约束区每2～3个浇筑层宜布置1个测温点；自开始浇筑至最高温度出现期间每8h或12h测量1次，最高温度出现后至上层混凝土覆盖前每12h或24h测量1次；高坝宜增加测温点和测温频次
4	通水冷却监测	（1）应在每仓混凝土中选择1～3根冷却水管进行进出口水温、流量、压力的测量，并记录各期通水开始时间、结束时间。水温、流量、压力宜每6～12h测量1次。

序号	项目	内　　容
4	通水冷却监测	（2）各期通水冷却结束时，宜采用水管闷水测温方法监测混凝土温度，闷水时间宜采用 5 ～ 7d，并记录闷水开始日期、结束日期及测温结果
5	浇筑仓气温及保温层温度监测	（1）混凝土施工过程中，应测量仓内中心点附近距混凝土表面高度 1.5m 处的气温，并同时测量仓外气温。宜采用自动测温仪器；人工测温时，每天应至少测量 4 次。 （2）混凝土表面保温期间，应选择典型保温部位及保温方法进行保温层下的混凝土表面温度测量，可在混凝土最高温度出现前每 8h 观测 1 次，最高温度出现至 28d 年 24h 观测 1 次，28d 至保温材料拆除前每周观测 1 次。 （3）气温骤降期间，宜增加仓内外气温和保温层下的混凝土表面温度监测频次

C16　模板的分类与模板施工

★高频考点：模板的分类

序号	类型	内　　容
1	拆移式模板	架立模板的支架，常用围檩和桁架梁。桁架梁多用方木和钢筋制作。 这种模板费工、费料，由于拉条的存在，有碍仓内施工
2	移动式模板	移动式模板多用钢模，作为浇筑混凝土墙和隧洞混凝土衬砌使用
3	自升式模板	模板采用插挂式锚钩，简单实用，定位准，拆装快
4	滑升模板	这类模板的特点是在浇筑过程中，模板的面板紧贴混凝土面滑动，以适应混凝土连续浇筑的要求
5	混凝土及钢筋混凝土预制模板	（1）它们既是模板，也是建筑物的护面结构，浇筑后作为建筑物的外壳，不予拆除。 （2）混凝土模板靠自重稳定，可作直壁模板，也可作倒悬模板。 （3）钢筋混凝土模板既可作建筑物表面的镶面板，也可作厂房、空腹坝空腹和廊道顶拱的承重模板，这样避免了高架立模，既有利于施工安全，又有利于加快施工进度，节约材料，降低成本。 （4）预制混凝土和钢筋混凝土模板重量均较大，常需起重设备起吊，所以在模板预制时都应预埋吊环供起吊用

★高频考点：模板施工

序号	项目	内　容
1	模板的安装	（1）模板安装必须按设计图纸测量放样，对重要结构应多设控制点，以利检查校正。且应经常保持足够的固定设施，以防模板倾覆。 （2）支架必须支承在稳固的地基或已凝固的混凝土上，并有足够的支承面积，防止滑动。支架的立柱必须在两个互相垂直的方向上，用撑拉杆固定，以确保稳定。 （3）对于大体积混凝土浇筑块，成型后的偏差，不应超过模板安装允许偏差的 50% ～ 100%，取值大小视结构物的重要性而定
2	模板的拆除	（1）拆模时间应根据设计要求、气温和混凝土强度增长情况而定。对非承重模板，混凝土强度应达到 2.5MPa 以上，其表面和棱角不因拆模而损坏方可拆除。对于承重板，要求达到规定的混凝土设计强度的百分率后才能拆模。 （2）提高模板使用的周转率，是降低模板成本的关键。 （3）在拆除时应使用专门工具，减少对模板和混凝土的损伤，防止模板跌落。立模后，混凝土浇筑前，应在模板内表面涂以隔离剂，以利拆除。 （4）对拆下的模板应及时清洗，除去模板面的水泥浆，分类妥为堆存，以备再用

C17　混凝土坝的施工质量控制

★高频考点：施工质量检测方法

序号	项目	质量检验
1	现场混凝土质量检验	以抗压强度为主，并以 150mm 立方体试件、标准养护条件下的抗压强度为标准
2	混凝土试件检测	混凝土试件以机口随机取样为主，每组混凝土试件应在同一储料斗或运输车箱内取样制作
3	混凝土拆模后检查	应检查其外观质量
4	已建成的结构物检测	已建成的结构物，应进行钻孔取芯和压水试验
5	钢筋混凝土结构物检测	钢筋混凝土结构物应以无损检测为主，必要时采取钻孔法检测混凝土

C18 碾压混凝土坝的施工工艺及特点

★高频考点：碾压混凝土坝的施工工艺及特点

序号	项目	内　　容
1	施工工艺	先在初浇层铺砂浆，汽车运输入仓，平仓机平仓，振动压实机压实，振动切缝机切缝，切完缝再沿缝无振碾压两遍
2	特点	采用干贫混凝土；大量掺加粉煤灰，以减少水泥用量；采用通仓薄层浇筑；大坝横缝采用切缝法等成缝方式；碾压或振捣达到混凝土密实

C19 护岸护坡的施工方法

★高频考点：坡式护岸

序号	项目		内　　容
1	护脚工程施工技术		下层护脚为护岸工程的根基，其稳固与否，决定着护岸工程的成败，实践中所强调的“护脚为先”就是对其重要性的经验总结。 经常采用的形式有抛石护脚、抛枕护脚、抛石笼护脚、沉排护脚等
2	护坡工程施工技术	干砌石护坡	坡面较缓（1.0∶2.5～1.0∶3.0）、受水流冲刷较轻的坡面，可采用干砌石护坡。干砌石护坡应由低向高逐步铺砌，要嵌紧、整平，铺砌厚度应达到设计要求；上下层砌石应错缝砌筑。 坡面有涌水现象时，应在护坡层下铺设15cm以上厚度的碎石、粗砂或砂砾作为反滤层。封顶用平整块石砌护
		浆砌石护坡	坡度在1∶1～1∶2之间，或坡面位于沟岸、河岸，下部可能遭受水流冲刷冲击力强的防护地段，宜采用浆砌石护坡。 浆砌石护坡，应做好排水孔的施工
		灌砌石护坡	灌砌石护坡要确保混凝土的质量，并做好削坡和灌入振捣工作

★高频考点：坝式护岸

序号	项目	内　　容
1	概念	坝式护岸是指修建丁坝、顺坝，将水流挑离堤岸，以防止水流、波浪或潮汐对堤岸边地的冲刷
2	适用范围	多用于游荡性河流的护岸
3	形式	坝式防护分为丁坝、顺坝、丁顺坝、潜坝四种形式，坝体结构基本相同。 丁坝是一种间断性的有重点的护岸形式，具有调整水流的作用。在河床宽阔、水浅流缓的河段，常采用这种护岸形式。

★高频考点：墙式护岸

序号	项目	内　　容
1	概念	墙式护岸是指顺堤岸修筑竖直陡坡式挡墙，这种形式多用于城区河流或海岸防护
2	适用范围	在河道狭窄，堤外无滩且易受水冲刷，受地形条件或已建建筑物限制的重要堤段，常采用墙式护岸
3	形式	墙式防护（防洪墙）分为重力式挡土墙、扶壁式挡土墙、悬臂式挡土墙等形式

C20　水下工程质量控制

★高频考点：疏浚工程质量控制

（1）断面中心线偏移不应大于1.0m。

（2）应以横断面为主进行检验测量，必要时可进行纵断面测量。横断面测量间距应与原始地形测量相一致，纵断面测量间距视河道宽度及工程重要性确定，可取横断面间距的1～2倍。纵、横断面边坡处测点间距宜为2～5m，槽底范围内宜为5～10m。监理单位复核检验测量点数：平行检测不应少于施工单位检测点数5%；跟踪检测不应少于施工单位检测点数10%。

（3）水下断面边坡按台阶形开挖时，超欠比应控制在1.0～1.5。

（4）局部欠挖如超出下列规定时，应进行返工处理：

① 欠挖厚度小于设计水深的 5%，且不大于 0.3m。

② 横向浅埂长度小于设计底宽的 5%，且不大于 2.0m。

③ 纵向浅埂长度小于 2.5m。

④ 一处超挖面积不大于 5.0m^2。

（5）疏浚土在疏挖和输送过程中不应对河道造成回淤、不应发生泄漏、不应对周围环境造成污染。

C21　闸门的安装方法

★高频考点：闸门的分类

序号	划分标准	内　　容
1	按作用分	工作闸门，事故闸门、检修闸门、露顶闸门、潜孔闸门
2	按结构形式分	平面闸门（按行走支承方式和运行轨迹不同可分为平面定轮闸门、平面滑动闸门、平面链轮闸门、升卧式平面闸门、横拉式闸门和反钩式闸门等）、弧形闸门（又分为竖轴弧形闸门、反向弧形闸门、偏心铰弧形闸门、充压式弧形闸门）、人字闸门、一字闸门、圆筒闸门、环形闸门、浮箱闸门等

★高频考点：闸门的安装

序号	项　　目		内　　容
1	平板闸门	形式	有直升式和升卧式两种形式
		门叶组成	门叶由承重结构［包括面板、梁系、竖向联结系或隔板、门背（纵向）联结系和支承边梁等］、行走支承、止水装置和吊耳等组成
		安装	（1）埋件安装。闸门的埋件是指埋设在混凝土内的门槽固定构件，包括底槛、主轨、侧轨、反轨和门楣等。 （2）门叶安装。如门叶尺寸较小，则在工厂制成整体运至现场，经复测检查合格，装上止水橡皮等附件后，直接吊入门槽。如门叶尺寸较大，由工厂分节制造，运到工地后，再现场组装，然后吊入门槽。 （3）闸门启闭试验。闸门安装完毕后，需作全行程启闭试验，要求门叶启闭灵活无卡阻现象，闸门关闭严密，漏水量不超过允许值

序号	项　　目		内　　容
2	弧形闸门安装	形式	根据其安装位置不同，分为露顶式弧形闸门和潜孔式弧形闸门两种形式
		承重结构	由弧形面板、主梁、次梁、竖向联结系或隔板、起重桁架、支臂和支承铰组成

C22　启闭机与机电设备的安装方法

★高频考点：启闭机的类型及表示方法

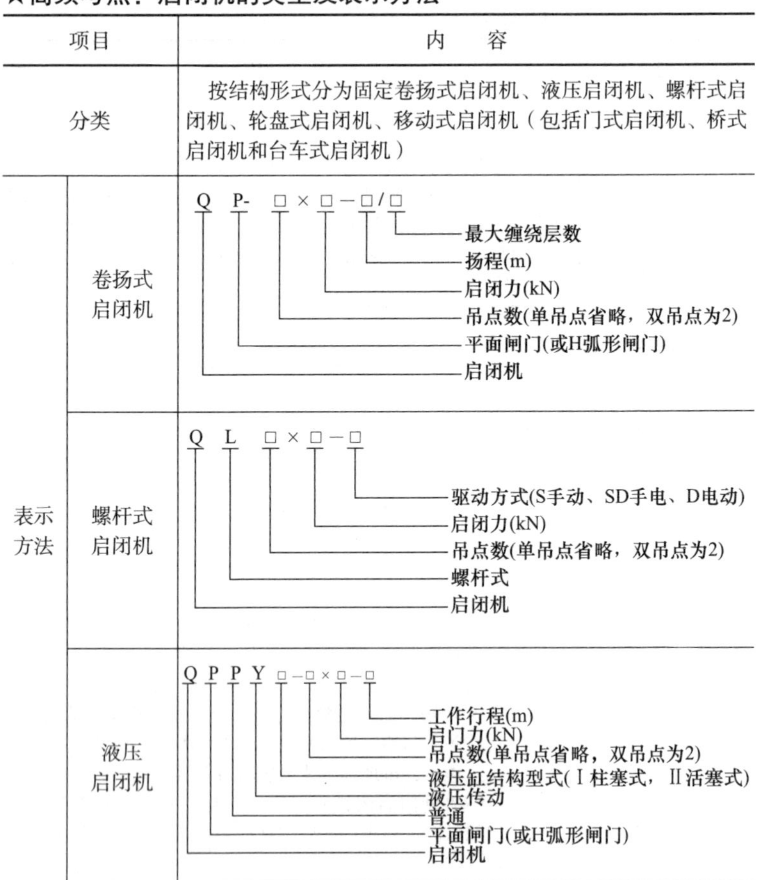

项目		内　　容
分类		按结构形式分为固定卷扬式启闭机、液压启闭机、螺杆式启闭机、轮盘式启闭机、移动式启闭机（包括门式启闭机、桥式启闭机和台车式启闭机）
表示方法	卷扬式启闭机	Q P- □×□－□/□ 最大缠绕层数 扬程(m) 启闭力(kN) 吊点数(单吊点省略，双吊点为2) 平面闸门(或H弧形闸门) 启闭机
	螺杆式启闭机	Q L □×□－□ 驱动方式(S手动、SD手电、D电动) 启闭力(kN) 吊点数(单吊点省略，双吊点为2) 螺杆式 启闭机
	液压启闭机	Q P P Y □－□×□－□ 工作行程(m) 启门力(kN) 吊点数(单吊点省略，双吊点为2) 液压缸结构型式(Ⅰ柱塞式，Ⅱ活塞式) 液压传动 普通 平面闸门(或H弧形闸门) 启闭机

★高频考点：固定卷扬式启闭机的安装

序号	项目		内容
1	卷扬式启闭机	安装顺序	（1）在水工建筑物混凝土浇筑时埋入机架基础螺栓和支承垫板，在支承垫板上放置调整用楔形板。 （2）安装机架。按闸门实际起吊中心线找正机架的中心、水平、高程，拧紧基础螺母，浇筑基础二期混凝土，固定机架。 （3）在机架上安装、调试传动装置，包括：电动机、弹性联轴器、制动器、减速器、传动轴、齿轮联轴器、开式齿轮、轴承、卷筒等
		调整顺序	（1）按闸门实际起吊中心找正卷筒的中心线和水平线，并将卷筒轴的轴承座螺杆拧紧。 （2）以与卷筒相连的开式大齿轮为基础，使减速器输出端开式小齿轮与大齿轮啮合正确。 （3）以减速器输入轴为基础，安装带制动轮的弹性联轴器，调整电动机位置使联轴器的两片的同心度和垂直度符合技术要求。 （4）根据制动轮的位置，安装与调整制动器；若为双吊点启闭机，要保证传动轴与两端齿轮联轴节的同轴度。 （5）传动装置全部安装完毕后，检查传动系统动作的准确性、灵活性，并检查各部分的可靠性。 （6）安装排绳装置、滑轮组、钢丝绳、吊环、扬程指示器、行程开关、过载限制器、过速限制器及电气操作系统等
2	螺杆式启闭机		螺杆式启闭机是中小型平面闸门普遍采用的启闭机。它由摇柄、主机和螺栓组成。 安装过程包括基础埋件的安装、启闭机安装、启闭机单机调试和启闭机负荷试验。 安装前，首先检查启闭机各传动轴、轴承及齿轮的转动灵活性和啮合情况，着重检查螺母螺纹的完整性，必要时应进行妥善处理

C23　施工准备阶段的工作内容

★高频考点：施工准备阶段的主要工作及施工准备条件

序号	项目	内容
1	施工准备阶段的主要工作	（1）施工现场的征地、拆迁。 （2）完成施工用水、用电、通信、进场道路和场地平整等工程。 （3）必需的生产、生活临时建筑工程。

序号	项目	内　容
1	施工准备阶段的主要工作	（4）实施经批准的应急工程、试验工程等专项工程。 （5）组织招标设计、咨询、设备和物资采购等服务。 （6）组织相关监理招标，组织主体工程施工招标准备工作
2	施工准备条件	（1）项目可行性研究报告已经批准。 （2）环境影响评价文件等已经批准。 （3）年度投资计划已下达或建设资金已落实

C24　水利工程施工单位质量管理职责

★高频考点：水利工程施工单位质量管理相关内容

序号	项目	内　容
1	涉及施工单位施工质量保证的考核要点	（1）质量保证体系建立情况。 （2）施工过程质量控制情况。 （3）施工现场管理情况。 （4）已完工程实体质量情况
2	水利工程质量保修	（1）水利工程保修期从通过单项合同工程完工验收之日算起，保修期按法律法规和合同约定执行。 （2）工程质量出现永久性缺陷的，承担责任的期限不受以上保修期限制。 （3）水利工程在规定的保修期内，出现工程质量问题，一般由原施工单位承担保修，所需费用由责任方承担。 （4）工程保修期内维修的经济责任由责任方负责承担，其中，施工单位未按国家有关标准和设计要求施工，造成的质量缺陷由施工单位承担；由于设计方面的原因造成的质量缺陷，由设计单位负责承担经济责任；因材料设备不合格原因，属于施工单位采购的或由其验收同意的，由施工单位承担经济责任。属于项目法人采购的，由项目法人承担经济责任；因使用不当造成的，由使用单位自行负责

C25　水利工程监理单位质量管理职责

★高频考点：水利工程监理单位质量管理相关内容

序号	项目	内　容
1	监督检查	监理单位必须接受水利工程质量监督单位对其监理资格、质量检查体系以及质量监理工作的监督检查

序号	项目	内　容
2	涉及监理单位监理质量控制主要考核内容	（1）质量控制体系建立情况。 （2）监理控制相关材料报送情况。 （3）监理控制责任履行情况

C26　水利工程项目法人的安全生产责任

★高频考点：重大危险源划分

重大危险源划分为一级重大危险源、二级重大危险源、三级重大危险源以及四级重大危险源 4 级。

★高频考点：水利工程建设项目生产安全重大事故隐患直接判定清单（指南）

类别	管理环节	隐患编号	隐患内容
一、基础管理	现场管理	SJ-J001	施工企业无安全生产许可证或安全生产许可证未按规定延期承揽工程
		SJ-J002	未按规定设置安全生产管理机构、配备专职安全生产管理人员
		SJ-J003	未按规定编制或未按程序审批达到一定规模的危险性较大的单项工程或新工艺、新工法的专项施工方案
		SJ-J004	未按专项施工方案施工
二、临时工程	营地及施工设施建设	SJ-L001	施工驻地设置在滑坡、泥石流、潮水、洪水、雪崩等危险区域
		SJ-L002	易燃易爆物品仓库或其他危险品仓库的布置以及与相邻建筑物的距离不符合规定，或消防设施配置不满足规定
		SJ-L003	办公区、生活区和生产作业区未分开设置或安全距离不足
	围堰工程	SJ-L004	没有专门设计，或没有按照设计或方案施工，或未验收合格投入运行

类别	管理环节	隐患编号	隐患内容
二、临时工程	围堰工程	SJ–L005	土石围堰堰顶及护坡无排水和防汛措施或钢围堰无防撞措施；未按规定驻泊施工船舶；堰内抽排水速度超过方案规定
		SJ–L006	未开展监测监控，工况发生变化时未及时采取措施
三、专项工程	施工用电	SJ–Z001	没有专项方案，或施工用电系统未经验收合格投入使用
		SJ–Z002	未按规定实行三相五线制或三级配电或两级保护
		SJ–Z003	电气设施、线路和外电未按规范要求采取防护措施
		SJ–Z004	地下暗挖工程、有限作业空间、潮湿等场所作业未使用安全电压
		SJ–Z005	高瓦斯或瓦斯突出的隧洞工程场所作业未使用防爆电器
		SJ–Z006	未按规定设置接地系统或避雷系统
	深基坑（槽）	SJ–Z007	深基坑未按要求（规定）监测
		SJ–Z008	边坡开挖或支护不符合设计及规范要求
		SJ–Z009	开挖未遵循“分层、分段、对称、平衡、限时、随挖随支”原则
		SJ–Z010	作业范围内地下管线未探明、无保护等开挖作业
		SJ–Z011	建筑物结构强度未达到设计及规范要求时回填土方或不对称回填土方施工
	降水	SJ–Z012	降水期间对影响范围建筑物未进行安全监测
		SJ–Z013	降水井（管）未设反滤层或反滤层损坏

★高频考点：水利工程建设项目生产安全重大事故隐患综合判定清单（指南）

<table>
<tr><td colspan="3">一、基础管理</td></tr>
<tr><td></td><td>基础条件</td><td>重大事故隐患判据</td></tr>
<tr><td>1</td><td>安全管理制度、安全操作规程和应急预案不健全</td><td rowspan="8">满足全部基础条件＋任意 2 项隐患</td></tr>
<tr><td>2</td><td>未按规定组织开展安全检查和隐患排查治理</td></tr>
<tr><td>3</td><td>安全教育和培训不到位或相关岗位人员未持证上岗</td></tr>
<tr><td>隐患编号</td><td>隐患内容</td></tr>
<tr><td>SJ-JZ001</td><td>未按规定进行安全技术交底</td></tr>
<tr><td>SJ-JZ002</td><td>隐患排查治理情况未按规定向从业人员通报</td></tr>
<tr><td>SJ-JZ003</td><td>超过一定规模的危险性较大的单项工程未组织专家论证或论证后未经审查</td></tr>
<tr><td>SJ-JZ004</td><td>应当验收的危险性较大的单项工程专项施工方案为组织验收或验收不符合程序</td></tr>
<tr><td colspan="3">二、专项工程—临时用电</td></tr>
<tr><td></td><td>基础条件</td><td>重大事故隐患判据</td></tr>
<tr><td>1</td><td>安全管理制度、安全操作规程和应急预案不健全</td><td rowspan="10">满足全部基础条件＋任意 3 项隐患</td></tr>
<tr><td>2</td><td>未按规定组织开展安全检查和隐患排查治理</td></tr>
<tr><td>3</td><td>安全教育和培训不到位或相关岗位人员未持证上岗</td></tr>
<tr><td>隐患编号</td><td>隐患内容</td></tr>
<tr><td>SJ-ZDZ001</td><td>配电线路电线绝缘破损、带电金属导体外露</td></tr>
<tr><td>SJ-ZDZ002</td><td>专用接零保护装置不符合规范要求或接地电阻达不到要求</td></tr>
<tr><td>SJ-ZDZ003</td><td>漏电保护器的漏电动作时间或漏电动作电流不符合规范要求</td></tr>
<tr><td>SJ-ZDZ004</td><td>配电箱无防雨措施</td></tr>
<tr><td>SJ-ZDZ005</td><td>配电箱无门、无锁</td></tr>
<tr><td>SJ-ZDZ006</td><td>配电箱无工作零线和保护零线接线端子板</td></tr>
</table>

隐患编号	隐患内容	重大事故隐患判据
SJ-ZDZ007	交流电焊机未设置二次侧防触电保护装置	满足全部基础条件＋任意3项隐患
SJ-ZDZ008	一闸多用	

C27 水利工程设计单位质量管理职责

★高频考点：严重勘测设计失误的范围

根据《水利工程勘测设计失误分级标准》，下列行为之一为严重勘测设计失误：

（1）设计成果造假或违反强制性标准。

（2）设计文件中指定建筑材料、建筑构配件、设备的生产厂、供应商（除有特殊要求的建筑材料、专用设备、工艺生产线等外）。

（3）设计变更内容或设计深度不符合强制性标准要求。

（4）未落实初步设计批复中要求进一步研究的主要问题。

（5）未设置现场设代机构或设代人员不满足现场施工需要，影响施工进度。

（6）未及时提供施工图、技术要求、设计变更等，影响施工进度。

（7）未按规定参加工程验收。

（8）勘察工作不符合技术标准要求，施工地质条件与勘察成果发生重大变化，造成遗漏重要工程地质问题或工程地质评价结论错误。

（9）勘察工作不符合技术标准要求，料场地质条件与勘察成果发生重大变化，料场质量和储量出现重大偏差，造成料场调整，对工程实施产生重大影响。

（10）测量成果错误，对工程设计和施工造成重大影响。

（11）主要建筑物结构、控制高程、主要结构尺寸不合理，补救措施实施困难，影响工程整体功能发挥、正常运行或结构安全。

（12）施工期环保措施设计不符合技术标准要求，对环境造成严重影响。

（13）没有按照技术标准要求开展弃渣场地质勘察工作或地质勘察结论严重错误，弃渣体及场址地基物理力学参数、计算工况选择错误，弃渣场整体稳定分析计算结果严重错误，对安全运行有重大影响。

（14）弃渣场防护工程级别、防洪及截排水标准不符合技术标准要求，导致拦挡、防洪及截排水能力严重不足，造成重大影响。

（15）提交的验收资料不真实、不完整，导致验收结论有误。

（16）对不合格工程（项目）同意验收。

★高频考点：水利工程勘测设计失误

水利工程勘测设计失误是指勘测设计行为与成果存在以下情形之一：

（1）不符合相关法律、法规、规章。

（2）不符合强制性标准。

（3）不符合推荐性技术标准又未进行必要论证。

（4）不符合批准的项目初步设计和重大设计变更。

（5）降低工程质量标准、影响工程功能发挥、导致工程存在安全隐患或发生较大程度的投资增加。

C28　水利工程施工单位、工程勘察设计与监理单位的安全生产责任

★高频考点：施工水利工程建设项目的特殊要求

（1）施工单位在建设有度汛要求的水利工程时，应当根据项目法人编制的工程度汛方案、措施制定相应的度汛方案，报项目法人批准；涉及防汛调度或者影响其他工程、设施度汛安全的，由项目法人报有管辖权的防汛指挥机构批准。

（2）施工单位应当在施工组织设计中编制安全技术措施和施工现场临时用电方案，对下列达到一定规模的危险性较大的工程应当编制专项施工方案，并附具安全验算结果，经施工单位技术负责人

签字以及总监理工程师核签后实施，由专职安全生产管理人员进行现场监督：

① 基坑支护与降水工程；

② 土方和石方开挖工程；

③ 模板工程；

④ 起重吊装工程；

⑤ 脚手架工程；

⑥ 拆除、爆破工程；

⑦ 围堰工程；

⑧ 其他危险性较大的工程。

对前款所列工程中涉及高边坡、深基坑、地下暗挖工程、高大模板工程的专项施工方案，施工单位还应当组织专家进行论证、审查。

（3）施工单位的主要负责人、项目负责人、专职安全生产管理人员应当经水行政主管部门安全生产考核合格后方可任职。

施工单位应当对管理人员和作业人员每年至少进行一次安全生产教育培训，其教育培训情况记入个人工作档案。安全生产教育培训考核不合格的人员，不得上岗。

施工单位在采用新技术、新工艺、新设备、新材料时，应当对作业人员进行相应的安全生产教育培训。

★高频考点：施工单位安全生产管理制度

（1）安全生产目标管理制度。

（2）安全生产责任制度。

（3）安全生产考核奖惩制度。

（4）安全生产费用管理制度。

（5）意外伤害保险管理制度。

（6）安全技术措施审查制度。

（7）安全设施“三同时”管理制度。

（8）用工管理、安全生产教育培训制度。

（9）安全防护用品、设施管理制度。

（10）生产设备、设施安全管理制度。

（11）安全作业管理制度。

（12）生产安全事故隐患排查治理制度。

（13）危险物品和重大危险源管理制度。

（14）安全例会、技术交底制度。

（15）危险性较大的专项工程验收制度。

（16）文明施工、环境保护制度。

（17）消防安全、社会治安管理制度。

（18）职业卫生、健康管理制度。

（19）应急管理制度。

（20）事故管理制度。

（21）安全档案管理制度等。

★高频考点：水利工程勘察设计与监理单位的安全生产责任

序号	项　目	内　容
1	勘察单位安全责任	包括勘察标准、勘察文件和勘察操作规程三个方面
2	设计单位安全责任	包括设计标准、设计文件和设计人员三个方面
3	监理单位安全责任	包括技术标准、施工前审查和施工过程中监督检查等三个方面

C29　水利工程生产安全生产监督管理的内容

★高频考点：监督检查的主要内容

序号	项　目	内　容
1	对项目法人安全生产监督检查内容	（1）安全生产管理制度建立情况。 （2）安全生产管理机构设立及人员配置情况。 （3）安全生产责任制建立及落实情况。 （4）安全生产例会制度、安全生产检查制度、教育培训制度、职业卫生制度、事故报告制度等执行情况。 （5）安全生产措施方案的制定、备案与执行情况。 （6）危险性较大单项工程、拆除爆破工程施工方案的审核及备案情况。 （7）工程度汛方案和超标准洪水应急预案的制定、批准或备案、落实情况。

序号	项　目	内　容
1	对项目法人安全生产监督检查内容	（8）施工单位安全生产许可证、安全生产“三类人员”和特种作业人员持证上岗等核查情况。 （9）安全生产措施费用落实及管理情况。 （10）安全生产应急处置能力建设情况。 （11）事故隐患排查治理、重大危险源辨识管控等情况。 （12）开展水利安全生产标准化建设情况
2	施工单位安全生产监督检查内容	（1）安全生产管理制度建立情况。 （2）安全生产许可证的有效性。 （3）安全生产管理机构设立及人员配置情况。 （4）安全生产责任制落实情况。 （5）安全生产例会制度、安全生产检查制度、教育培训制度、职业卫生制度、事故报告制度等执行情况。 （6）安全生产有关操作规程制定及执行情况。 （7）施工组织设计中的安全技术措施及专项施工方案制定和审查情况。 （8）安全施工交底情况。 （9）安全生产“三类人员”和特种作业人员持证上岗情况。 （10）安全生产措施费用提取及使用情况。 （11）安全生产应急处置能力建设情况。 （12）隐患排查治理、重大危险源辨识管控等情况

★高频考点：水利安全生产信息报告

序号	项目	内　容
1	水利安全生产信息	水利安全生产信息包括基本信息、隐患信息和事故信息等，均通过水利安全生产信息上报系统（简称信息系统）报送
2	隐患信息	隐患信息报告主要包括隐患基本信息、整改方案信息、整改进展信息、整改完成情况信息等四类信息
3	事故信息	水利生产安全事故信息包括生产安全事故和较大涉险事故信息

★高频考点：水利安全生产事故报告时限

（1）事故发生后，事故现场事故发生单位有关人员应当立即向本单位负责人电话报告；单位负责人接到报告后，在1h内向主管单位和事故发生地县级以上水行政主管部门电话报告。其中，水利工程建设项目事故发生单位应立即向项目法人（项目部）负责人报告，项目法人（项目部）负责人应于1h内向主管单位和事故发生地县级以上水行政主管部门报告。情况紧急时，事故现场有关人员可以直接向事故发生地县级以上水行政主管部门报告。

（2）水行政主管部门接到事故发生单位的事故信息报告后，对特别重大、重大、较大和造成人员死亡的一般事故以及较大涉险事故信息，应当逐级上报至水利部。逐级上报事故情况，每级上报的时间不得超过2h。部直属单位发生的生产安全事故信息，应当逐级报告水利部。每级上报的时间不得超过2h。水行政主管部门可以越级上报。

（3）水行政主管部门电话快报事故信息。发生人员死亡的一般事故的，县级以上水行政主管部门接到报告后，在逐级上报的同时，应当在1h内电话快报省级水行政主管部门，随后补报事故文字报告。省级水行政主管部门接到报告后，应当在1h内电话快报水利部，随后补报事故文字报告。发生特别重大、重大、较大事故的，县级以上水行政主管部门接到报告后，在逐级上报的同时，应当在1h内电话快报省级水行政主管部门和水利部，随后补报事故文字报告。

（4）对于不能立即认定为生产安全事故的，应当先按照本办法规定的信息报告内容、时限和方式报告，其后根据负责事故调查的人民政府批复的事故调查报告，及时补报有关事故定性和调查处理结果。

（5）事故报告后出现新情况，或事故发生之日起30日内（道路交通、火灾事故自发生之日起7日内）人员伤亡情况发生变化的，应当在变化当日及时补报。

（6）事故月报实行“零报告”制度，当月无生产安全事故也要按时报告。

C30　水利工程文明建设工地及安全生产标准化的要求

★高频考点：文明建设工地评审

项目	内　　容
文明工地创建标准	（1）体制机制健全。 （2）质量管理到位。 （3）安全施工到位。 （4）环境和谐有序。 （5）文明风尚良好。 （6）创建措施有力
不得申报“文明工地”的情形	（1）干部职工中发生违纪、违法行为，受到党纪、政纪处分或被刑事处罚的。 （2）发生较大及以上质量事故或生产安全事故的。 （3）被水行政主管部门或有关部门通报批评或进行处罚的。 （4）恶意拖欠工程款、农民工工资或引发当地群众发生群体事件，并造成严重社会影响的。 （5）项目建设单位未严格执行项目法人责任制、招标投标制和建设监理制的。 （6）项目建设单位未按照国家现行基本建设程序要求办理相关事宜的。 （7）项目建设过程中，发生重大合同纠纷，造成不良影响的。 （8）参建单位违反诚信原则，弄虚作假情节严重的
文明工地创建与管理	文明工地创建在项目法人的统一领导下进行。 获得文明工地的可作为水利建设市场主体信用、中国水利工程优质（大禹）奖和水利安全生产标准化评审的重要参考
文明工地申报	文明工地实行届期制，每两年通报一次。在上一届期已被命名为文明工地的，如符合条件，可继续申报下一届

★高频考点：水利安全生产标准化评审的基本要求

水利生产经营单位是指水利工程项目法人、从事水利水电工程施工的企业和水利工程管理单位。

水利安全生产标准化等级分为一级、二级和三级，依据评审得分确定，评审满分为 100 分。具体标准为：

（1）一级：评审得分 90 分以上（含），且各一级评审项目得分不低于应得分的 70%；

（2）二级：评审得分 80 分以上（含），且各一级评审项目得分不低于应得分的 70%；

（3）三级：评审得分 70 分以上（含），且各一级评审项目得分不低于应得分的 60%；

（4）不达标：评审得分低于 70 分，或任何一项一级评审项目得分低于应得分的 60%。

C31　水力发电工程建设各方安全生产责任

★高频考点：电力建设工程施工安全有关单位的安全责任

序号	项目	内　　容
1	建设单位安全责任	（1）建立健全安全生产组织和管理机制，负责电力建设工程安全生产组织、协调、监督职责。 （2）建立健全安全生产监督检查和隐患排查治理机制，实施施工现场全过程安全生产管理。 （3）建立健全安全生产应急响应和事故处置机制，实施突发事件应急抢险和事故救援。 （4）建立电力建设工程项目应急管理体系，编制应急综合预案，组织勘察设计、施工、监理等单位制定各类安全事故应急预案，落实应急组织、程序、资源及措施，定期组织演练，建立与国家有关部门、地方政府应急体系的协调联动机制，确保应急工作有效实施。 （5）及时协调和解决影响安全生产重大问题。建设工程实行工程总承包的，总承包单位应当按照合同约定，履行建设单位对工程的安全生产责任；建设单位应当监督工程总承包单位履行对工程的安全生产责任。 （6）按照国家有关安全生产费用投入和使用管理规定，电力建设工程概算应当单独计列安全生产费用，不得在电力建设工程投标中列入竞争性报价。 （7）组织参建单位落实防灾减灾责任，建立健全自然灾害预测预警和应急响应机制，对重点区域、重要部位地质灾害情况进行评估检查。

序号	项目	内　　容
1	建设单位安全责任	（8）应当执行定额工期，不得压缩合同约定的工期。如工期确需调整，应当对安全影响进行论证和评估。论证和评估应当提出相应的施工组织措施和安全保障措施。 （9）应在电力建设工程开工报告批准之日起15日内，将保证安全施工的措施，包括电力建设工程基本情况、参建单位基本情况、安全组织及管理措施、安全投入计划、施工组织方案、应急预案等内容向建设工程所在地国家能源局派出机构备案
2	勘察设计单位安全责任	（1）在编制设计计划书时应当识别设计适用的工程建设强制性标准并编制条文清单。 （2）电力建设工程所在区域存在自然灾害或电力建设活动可能引发地质灾害风险时，勘察设计单位应当制定相应专项安全技术措施，并向建设单位提出灾害防治方案建议。 （3）对于采用新技术、新工艺、新流程、新设备、新材料和特殊结构的电力建设工程，勘察设计单位应当在设计文件中提出保障施工作业人员安全和预防生产安全事故的措施建议；不符合现行相关安全技术规范或标准规定的，应当提请建设单位组织专题技术论证，报送相应主管部门同意。 （4）施工过程中，对不能满足安全生产要求的设计，应当及时变更
3	施工单位安全责任	（1）电力建设工程实行施工总承包的，由施工总承包单位对施工现场的安全生产负总责。 （2）施工单位应当履行劳务分包安全管理责任，将劳务派遣人员、临时用工人员纳入其安全管理体系，落实安全措施，加强作业现场管理和控制。 （3）电力建设工程开工前，施工单位应当开展现场查勘，编制施工组织设计、施工方案和安全技术措施并按技术管理相关规定报建设单位、监理单位同意。 （4）施工单位应当对因电力建设工程施工可能造成损害和影响的毗邻建筑物、构筑物、地下管线、架空线缆、设施及周边环境采取专项防护措施。对施工现场出入口、通道口、孔洞口、邻近带电区、易燃易爆及危险化学品存放处等危险区域和部位采取防护措施并设置明显的安全警示标志
4	监理单位安全责任	（1）按照工程建设强制性标准和安全生产标准及时审查施工组织设计中的安全技术措施和专项施工方案。 （2）审查和验证分包单位的资质文件和拟签订的分包合同、人员资质、安全协议。

序号	项目	内　　容
4	监理单位安全责任	（3）审查安全管理人员、特种作业人员、特种设备操作人员资格证明文件和主要施工机械、工器具、安全用具的安全性能证明文件是否符合国家有关标准；检查现场作业人员及设备配置是否满足安全施工的要求。 （4）对大中型起重机械、脚手架、跨越架、施工用电、危险品库房等重要施工设施投入使用前进行安全检查签证。土建交付安装、安装交付调试及整套启动等重大工序交接前进行安全检查签证。 （5）对工程关键部位、关键工序、特殊作业和危险作业进行旁站监理；对复杂自然条件、复杂结构、技术难度大及危险性较大分部分项工程专项施工方案的实施进行现场监理；监督交叉作业和工序交接中的安全施工措施的落实。 （6）监督施工单位安全生产费的使用、安全教育培训情况

C32　水利水电工程项目划分的原则

★高频考点：项目划分的原则

序号	项目	划分原则
1	单位工程	（1）枢纽工程，一般以每座独立的建筑物为一个单位工程。当工程规模大时，可将一个建筑物中具有独立施工条件的一部分划分为一个单位工程。 （2）堤防工程，按招标标段或工程结构划分单位工程。可将规模较大的交叉联结建筑物及管理设施以每座独立的建筑物划分为一个单位工程。 （3）引水（渠道）工程，按招标标段或工程结构划分单位工程。可将大、中型（渠道）建筑物以每座独立的建筑物划分为一个单位工程。 （4）除险加固工程，按招标标段或加固内容，并结合工程量划分单位工程
2	分部工程	（1）枢纽工程，土建部分按设计的主要组成部分划分；金属结构及启闭机安装工程和机电设备安装工程按组合功能划分。 （2）堤防工程，按长度或功能划分。 （3）引水（渠道）工程中的河（渠）道按施工部署或长度划分。大、中型建筑物按工程结构主要组成部分划分。 （4）除险加固工程，按加固内容或部位划分。 （5）同一单位工程中，各个分部工程的工程量（或投资）不宜相差太大，每个单位工程中的分部工程数目，不宜少于5个

序号	项目	划分原则
3	单元工程	（1）按《单元工程评定标准》规定进行划分。 （2）河（渠）道开挖、填筑及衬砌单元工程划分界限宜设在变形缝或结构缝处，长度一般不大于100m。同一分部工程中各单元工程的工程量（或投资）不宜相差太大。 （3）《单元工程评定标准》中未涉及的单元工程可依据工程结构、施工部署或质量考核要求，按层、块、段进行划分

C33　水力发电工程阶段验收的要求

★高频考点：水力发电工程阶段验收的要求

序号	项目		内容
1	阶段验收申请	工程截流验收	项目法人应在计划截流前6个月，向省级人民政府能源主管部门报送工程截流验收申请
		工程蓄水验收	项目法人应根据进度安排，在计划下闸蓄水前6个月，向工程所在地省级人民政府能源主管部门报送工程蓄水验收申请，并抄送验收主持单位
		机组启动验收	项目法人应在第一台水轮发电机组进行机组启动验收前3个月，向工程所在地省级人民政府能源主管部门报送机组启动验收申请，并抄送电网经营管理单位
2	阶段验收组织	工程截流验收	由项目法人会同省级发展改革委、能源主管部门共同组织验收委员会进行，并邀请项目部门、项目法人所属计划单列企业集团（或中央管理企业）、有关单位和专家参加
		工程蓄水验收	由省级人民政府能源主管部门负责，并委托有业绩、能力单位作为技术主持单位，组织验收委员会进行，并邀请相关部门、项目法人所属计划单列企业集团（或中央管理企业）、有关单位和专家参加
		水轮发电机组启动验收	由项目法人会同电网经营管理单位共同组织验收委员会进行，并邀请省级发展改革委、能源主管部门，相关部门、项目法人所属计划单列企业集团（或中央管理企业）、有关单位和专家参加

序号	项　　目		内　　容
3	阶段验收成果	工程截流验收	工程截流验收成果是工程截流验收鉴定书
		工程蓄水验收	工程蓄水验收成果是工程蓄水验收鉴定书
		水轮发电机组启动验收	水轮发电机组启动验收成果是机组启动验收鉴定书

C34　水力发电工程竣工验收的要求

★高频考点：特殊单项工程验收

序号	项目	内　　容
1	验收申请	项目法人应根据工程进度安排，在特殊单项工程验收计划前3个月，向工程所在地省级人民政府能源主管部门报送特殊单项工程验收申请，并抄送技术主持单位
2	验收组织	由竣工验收主持单位组织特殊单项工程验收委员会进行，必要时特殊单项工程验收主持单位可会同有关部门或单位共同组织特殊单项工程验收委员会进行验收
3	验收成果	特殊单项工程验收成果是特殊单项工程验收鉴定书

★高频考点：枢纽工程专项验收

序号	项目	内　　容
1	验收申请	项目法人应根据工程进度安排，在枢纽工程专项验收计划前3个月，向工程所在地省级人民政府能源主管部门报送枢纽工程专项验收申请，并抄送技术主持单位
2	验收组织	由省级人民政府能源主管部门负责，并委托有业绩、能力单位作为技术主持单位，组织验收委员会进行，并邀请相关部门、项目法人所属计划单列企业集团（或中央管理企业）、有关单位和专家参加
3	验收成果	枢纽工程专项验收成果是枢纽工程专项验收鉴定书

★高频考点：工程竣工验收

序号	项目	内　容
1	验收申请	项目法人应在工程基本完工或全部机组投产发电后的一年内，开展竣工验收相关工作，按相关法规办理建设征地移民安置、环境保护、水土保持、消防、劳动安全与工业卫生、工程决算和工程档案专项验收
2	验收组织	由省级人民政府能源主管部门负责，并委托有业绩、能力单位作为技术主体单位，组织验收委员会进行，并邀请相关部门、项目法人所属计划单列企业集团（或中央管理企业）、有关单位和专家参加。验收委员会主任委员由省级人民政府能源主管部门担任，亦可委托技术主持单位担任。副主任委员由省级发展改革委、技术主持单位和技术单列企业集团担任
3	验收成果	验收委员会完成竣工验收工作后，应出具竣工验收鉴定书

C35　水利水电工程施工现场规划

★高频考点：施工分区规划

（1）主体工程施工区。

（2）施工工厂区。

（3）当地建材开采区。

（4）工程存、弃渣场区。

（5）仓库、站、场、码头等储运系统区。

（6）机电、金属结构和大型施工机械设备安装场区。

（7）施工管理及生活区。

（8）工程建设管理级生活区。

★高频考点：施工材料、设备仓库面积的确定

序号	项目	内　容
1	各种材料储存量的估算	$q = QdK/n$ 式中　q——需要材料储存量（t或m^3）； Q——高峰年材料总需要量（t或m^3）； n——年工作日数； d——需要材料的储存天数； K——材料总需要量的不均匀系数，一般取1.2～1.5

序号	项目		内容
2	施工仓库建筑面积	材料、器材仓库	$W = q/PK_1$ 式中 W——材料、器材仓库面积（m^2）； q——需要材料储量（t或m^3）； K_1——面积利用系数； P——每平方米有效面积的材料存放量（t或m^3）
		施工设备仓库	$W = na/K_2$ 式中 W——施工设备仓库面积（m^2）； n——储存施工设备台数； a——每台设备占地面积（m^2）； K_2——面积利用系数，库内有行车时取0.3，无行车时取0.17
		永久机电设备仓库	$F_{总} = 2.8Q$ $F_{保} = 0.5F_{总}$ 式中 $F_{总}$——设备库总面积（包括铁路与卸货场的占地面积）（m^2）； $F_{保}$——仓库保管净面积（指仓库总面积中扣除与卸货场占地后的部分）（m^2）； Q——同时保管仓库内的机组设备总重量（t）
3	施工仓库占地面积		$A = \sum WK_3$ 式中 A——仓库占地面积（m^2）； W——仓库建筑面积或堆存场面积（m^2）； K_3——占地面积系数，参照有关规范选用

C36 水利水电工程定额

★高频考点：定额使用总要求

（1）定额“工作内容”仅扼要说明各章节的主要施工过程及工序。次要的施工过程及工序和必要的辅助工作所需要的人工、材料、机械已包括在定额内。

（2）定额中人工是指完成该定额子目工作内容所需的人工耗用量。包括基本用工和辅助用工，并按其所需技术等级，分别列出工长、高级工、中级工、初级工的工时及其合计数。

（3）材料定额中，未列明品种、规格的，可根据设计选定的品种、规格计算，但定额数量不做调整。凡材料已列示品种、规格的，编制预算单价时不予调整。

（4）材料定额中，凡一种材料名称之后，同时并列了几种不同型号规格的，如石方工程导线的火线和电线，表示这种材料只能选用其中一种型号规格的定额进行计价；凡一种材料分几种型号规格与材料名称同时并列的，如石方工程中同时并列导火线和导电线，则表示这些名称相同，规格不同的材料都应计同时价。机械定额相似情况以此类推（如运输定额中的自卸汽车）。

（5）其他材料费和零星材料费是指完成一个定额子目的工作内容，所必需的未列量材料费。如工作面内的脚手架、排架、操作平台等的摊销费，地下工程的照明费，混凝土工程的养护用材料，石方工程的钻杆、空心钢等以及其他用量较少的材料。

（6）材料从分仓库或相当于分仓库材料堆放地至工作面的场内运输所需的人工、机械及费用，已包括在各定额子目中。

（7）机械台时定额（含其他机械费）是指完成一个定额子目工作内容所需的主要机械和次要辅助机械使用费。其他直接费是指完成一个定额子目工作内容所必需的次要机械使用费。如混凝土浇筑现场运输中次要机械；疏浚工程中的油驳等辅助生产船舶等。

（8）其他材料费、零星材料费、其他机械费，均以费率形式表示，其计算基数如下：

① 其他材料费，以主要材料费之和为计算基数；

② 零星材料费，以人工费机械费之和为计算基数；

③ 其他机械费以主要机械费之和为计算基数。

（9）挖掘机定额均按液压挖掘机拟定。

（10）汽车运输定额，适用于水利工程施工路况 10km 以内的场内运输。运距超过 10km，超过部分按增运 1km 的台时数乘 0.75 系数计算。

（11）定额不含超挖超填量。

★高频考点：土方工程定额

序号	项目	内容
1	计量单位	除注明外，均按自然方计算
2	工作内容	除定额规定的工作内容外，还包括挖小排水沟、修坡、清除场地草皮杂物、交通指挥、安全设施及取土场和卸土场的小路修筑与维护工作
3	挖掘机、装载机挖土定额	按挖装自然方拟定的，如挖装松土时，人工及挖装机械乘 0.85 调整系数。砂砾（卵）石开挖和运输，按Ⅳ类土定额计算
4	推土机的推土距离和铲运机的铲运距离	推土机的推土距离和铲运机的铲运距离是指取土中心至卸土中心的平均距离。推土机推土定额是按自然方拟定的，如推松土时，定额乘 0.80 调整系数
5	运输定额	挖掘机、轮斗挖掘机或装载机挖装土（含渠道土方）自卸汽车运输定额，适用于Ⅲ类土。Ⅰ、Ⅱ类土人工、机械调整系数均取 0.91，Ⅳ类土人工、机械调整系数均取 1.09
6	压实定额	均按压实成品方计。根据技术要求和施工必需的损耗，在计算压实工程的备料量和运输量时，按下式计算： 每 100 压实成品方需要的自然方量＝（100 ＋ A）设计干密度 / 天然干密度 其中 A 为土料损耗综合系数

★高频考点：混凝土工程定额

（1）现浇混凝土定额不含模板制作、安装、拆除、修整；预制混凝土定额中的模板材料均按预算消耗量计算，包括制作（钢模为组装）、安装、拆除、维修的消耗，并考虑了周转和回收。

（2）钢筋制作安装定额，不分部位、规格型号综合计算。

（3）混凝土浇筑的仓面清洗及养护用水，地下工程混凝土浇筑施工照明用电，已分别计入浇筑定额的用水量及其他材料费中。

（4）预制混凝土构件（吊）安装定额仅系（吊）安装过程中所需的人工、材料、机械使用量，制作、运输的费用按预制构件制作和运输定额计算。

（5）关于混凝土材料的规定

① 材料定额中的“混凝土”一项，系指完成单位产品所需的

混凝土半成品量，其中包括冲（凿）毛、干缩、施工损耗、运输损耗和接缝砂浆等的消耗量在内。

② 混凝土半成品的单价，只计算配制混凝土所需水泥、砂石集料、水、掺合料及其外加剂等的用量及价格各项材料的用量，应按试验资料计算；没有试验资料时，可采用定额附录中的混凝土材料配合比例示量。

③ 混凝土的配料和拌制损耗已含在配合比材料用量中。定额中的混凝土用量，包括了运输、浇筑、凿毛、模板变形、干缩等损耗。

（6）关于混凝土拌制的规定

① 浇筑定额中单独列出“混凝土及砂浆拌制”项目，编制混凝土浇筑单价时，应先根据施工组织设计选定的搅拌机或搅拌楼的容量，选用拌制定额编制拌制单价（只计直接费）。

② 混凝土拌制定额按拌制常态混凝土拟定，若拌制加冰、加掺合料等其他混凝土以及碾压混凝土等，则按定额调整系数对拌制定额进行调整。

③ 混凝土拌制定额均以半成品方为单位计算，不含施工损耗和运输损耗所消耗的人工、材料、机械的数量和费用。混凝土拌制及浇筑定额中，不包括加冰、集料预冷、通水等温控所需的费用。

（7）关于混凝土运输的规定

混凝土运输是指混凝土自搅拌楼（机）出料口至浇筑现场工作面的全部水平运输和垂直运输。运输方式与运输机械由施工组织设计确定。

① 混凝土水平运输，指混凝土从搅拌楼（机）出料口至浇筑仓面（或至垂直吊运起吊点）水平距离的运输；混凝土垂直运输，指混凝土从垂直吊运起点至浇筑仓面垂直距离的运输。

② 混凝土运输定额均以半成品方为单位计算，不含施工损耗和运输损耗所消耗的人工、材料、机械的数量和费用。

③ 编制混凝土综合单价时，一般应将运输定额中的工、料、机用量分类合并到浇筑混凝土定额中统一计算综合单价，也可按混凝土运输数量乘以每 m^3 混凝土运输单价（只计直接费）计入混凝土浇筑综合单价。

④ 预算定额各节现浇混凝土定额中的“混凝土运输”数量，已包括完成每一定额单位（通常为 $100m^3$）有效实体混凝土所需增加的超填量及施工附加量等的数量。

C37 水利工程施工监理的工作方法和制度

★高频考点：水利工程建设项目施工监理的主要工作方法

序号	项目	内　　容
1	现场记录	监理机构记录每日施工现场的人员、原材料、中间产品、工程设备、施工设备、天气、施工环境、施工作业内容、存在的问题及其处理情况等
2	发布文件	监理机构采用通知、指示、批复、确认等书面文件开展施工监理工作
3	旁站监理	监理机构按照监理合同约定和监理工作需要，在施工现场对工程重要部位和关键工序的施工作业实施连续性的全过程监督、检查和记录
4	巡视检查	监理机构对所监理工程的施工进行的定期或不定期的监督和检查
5	跟踪检测	监理机构对承包人在质量检测中的取样和送样进行监督。跟踪检测费用由承包人承担
6	平行检测	在承包人对原材料、中间产品和工程质量自检的同时，监理机构按照监理合同约定独立进行抽样检测，核验承包人的检测结果。平行检测费用由发包人承担
7	协调	监理机构依据合同约定对施工合同双方之间的关系以及工程施工过程中出现的问题和争议进行沟通、协商和调解

★高频考点：总监理工程师职责

（1）主持编制监理规划，制定监理机构工作制度，审批监理实施细则。

（2）确定监理机构部门职责及监理人员职责权限；协调监理机构内部工作；负责监理机构中监理人员的工作考核，调换不称职的监理人员；根据工程建设进展情况，调整监理人员。

（3）签发或授权签发监理机构的文件。

（4）主持审核承包人提出的分包项目和分包人，报发包人批准。

（5）审批承包人提交的合同工程开工申请、施工组织设计、施工进度计划、资金流计划。

（6）审批承包人按有关安全规定和合同要求提交的专项施工方案、度汛方案和灾害应急预案。

（7）审核承包人提交的文明施工组织机构和措施。

（8）主持或授权监理工程师主持设计交底；组织核查并签发施工图纸。

（9）主持第一次监理工地会议，主持或授权监理工程师主持监理例会和监理专题会议。

（10）签发合同工程开工通知、暂停施工指示和复工通知等重要监理文件。

（11）组织审核已完成工程量和付款申请，签发各类付款证书。

（12）主持处理变更、索赔和违约等事宜，签发有关文件。

（13）主持施工合同实施中的协调工作，调解合同争议。

（14）要求承包人撤换不称职或不宜在本工程工作的现场施工人员或技术、管理人员。

（15）组织审核承包人提交的质量保证体系文件、安全生产管理机构和安全措施文件并监督其实施，发现安全隐患及时要求承包人整改或暂停施工。

（16）审批承包人施工质量缺陷处理措施计划，组织施工质量缺陷处理情况的检查和施工质量缺陷备案表的填写；按相关规定参与工程质量及安全事故的调查和处理。

（17）复核分部工程和单位工程的施工质量等级，代表监理机构评定工程项目施工质量。

（18）参加或受发包人委托主持分部工程验收，参加单位工程验收、合同工程完工验收、阶段验收和竣工验收。

（19）组织编写并签发监理月报、监理专题报告和监理工作报告；组织整理监理档案资料。

（20）组织审核承包人提交的工程档案资料，并提交审核专题报告。

总监理工程师可书面授权副总监理工程师或监理工程师履行其部分职责，但下列工作除外：

（1）主持编制监理规划，审批监理实施细则。

（2）主持审查承包人提出的分包项目和分包人。

（3）审批承包人提交的合同工程开工申请、施工组织设计、施工总进度计划、年施工进度计划、专项施工进度计划、资金流计划。

（4）审批承包人按有关安全规定和合同要求提交的专项施工方案、度汛方案和灾害应急预案。

（5）签发施工图纸。

（6）主持第一次监理工地会议，签发合同工程开工通知、暂停施工指示和复工通知。

（7）签发各类付款证书。

（8）签发变更、索赔和违约有关文件。

（9）签署工程项目施工质量等级评定意见。

（10）要求承包人撤换不称职或不宜在本工程工作的现场施工人员或技术、管理人员。

（11）签发监理月报、监理专题报告和监理工作报告。

（12）参加合同工程完工验收、阶段验收和竣工验收。

C38　水力发电工程施工监理工作的主要内容

★高频考点：工程项目划分及开工申报

序号	项目	内　容
1	工程项目划分	工程开工申报及施工质量检查，一般按单位工程、分部工程、分项工程、单元工程四级进行划分
2	工程开工申报	（1）单位工程开工申报。 （2）分部工程、分项工程开工申报。 （3）单元工程开工申请

★高频考点：水力发电工程监理合同商务管理的内容

序号	项目	内　　容
1	工程变更	工程变更依据其性质与对工程项目的影响程度，分为重大工程变更、较大工程变更、一般工程变更、常规设计变更四类
2	合同索赔	（1）合同索赔可以分为施工费用索赔、工期延期索赔或施工费用连同工期延期索赔。 （2）在工程已经完建、工程移交证书已经颁发后，承建单位应在提交的竣工报表中提出清理或追偿合同索赔的要求；在工程缺陷责任期满、合同项目缺陷责任终止证书签发后，应在最终结算报表中提出最后的合同索赔要求
3	分包管理	（1）分包项目的施工措施计划、开工申报、工程质量检验、工程变更以及合同支付等，通过承建单位向监理机构申报。 （2）除非业主授权或工程承建合同文件另有规定，否则监理机构不受理承建单位与分包单位之间的分包合同纠纷

C39　河流上修建永久性拦河闸坝的补救措施

★高频考点：取水许可制度和有偿使用制度

《水法》第七条规定，国家对水资源依法实行取水许可制度和有偿使用制度。但是，农村集体经济组织及其成员使用本集体经济组织的水塘、水库中的水除外。国务院水行政主管部门负责全国取水许可制度和水资源有偿使用制度的组织实施。

★高频考点：补救措施

《水法》第二十七条规定，国家鼓励开发、利用水运资源。在水生生物洄游通道、通航或者竹木流放的河流上修建永久性拦河闸坝，建设单位应当同时修建过鱼、过船、过木设施，或者经国务院授权的部门批准采取其他补救措施，并妥善安排施工和蓄水期间的水生生物保护、航运和竹木流放，所需费用由建设单位承担。

在不通航的河流或者人工水道上修建闸坝后可以通航的，闸坝建设单位应当同时修建过船设施或者预留过船设施位置。

C40　防汛抗洪方面的紧急措施

★高频考点:《防洪法》对防汛抗洪方面的要求

《防洪法》第三十八条规定:“防汛抗洪工作实行各级人民政府行政首长负责制，统一指挥、分级分部门负责。”行政首长负责是指全国由国务院负责，省、市、县由省长、市长、县长负总责。在统一指挥的原则下，以分级分部门负责为基础实现防汛抗洪工作的统一指挥。

《防洪法》第四十一条规定，省、自治区、直辖市人民政府防汛指挥机构根据当地的洪水规律，规定汛期起止日期。当江河、湖泊的水情接近保证水位或者安全流量，水库水位接近设计洪水位，或者防洪工程设施发生重大险情时，有关县级以上人民政府防汛指挥机构可以宣布进入紧急防汛期。

汛期一般分为春汛（桃花汛）、伏汛（主要汛期）和秋汛。保证水位是指保证江河、湖泊在汛期安全运用的上限水位。相应保证水位时的流量称为安全流量。江河、湖泊的水位在汛期上涨可能出现险情之前而必须开始警戒并准备防汛工作时的水位称为警戒水位。设计洪水位是指水库遇到设计洪水时，在坝前达到的最高水位，是水库在正常运用设计情况下允许达到的最高水位。

C41　防汛抗洪的组织要求

★高频考点：防汛抗洪的组织要求

项　　目	内　　容
防汛与抢险的要求	《防汛条例》规定，防汛工作实行“安全第一，常备不懈，以防为主，全力抢险”的方针，遵循团结协作和局部利益服从全局利益的原则。防汛工作实行各级人民政府行政首长负责制，实行统一指挥，分级分部门负责。各有关部门实行防汛岗位责任制。任何单位和个人都有参加防汛抗洪的义务。 《防汛条例》第二十七条规定，在汛期，河道、水库、水电站、闸坝等水工程管理单位必须按照规定对水工程进行巡查，发现险情，必

项　　目	内　　容
防汛与抢险的要求	须立即采取抢护措施，并及时向防汛指挥部和上级主管部门报告。其他任何单位和个人发现水工程设施出现险情，应当立即向防汛指挥部和水工程管理单位报告
防汛组织的要求	《防汛条例》第六条规定，国务院设立国家防汛总指挥部，负责组织领导全国的防汛抗洪工作，其办事机构设在国务院水行政主管部门。 《防汛条例》第七条规定，有防汛任务的县级以上地方人民政府设立防汛指挥部，由有关部门、当地驻军、人民武装部负责人组成，由各级人民政府首长担任指挥。各级人民政府防汛指挥部在上级人民政府防汛指挥部和同级人民政府的领导下，执行上级防汛指令，制定各项防汛抗洪措施，统一指挥本地区的防汛抗洪工作

C42　水土流失的治理要求

★高频考点：水土流失的治理要求

序号	项目	内　　容
1	水土保持方案的编制、审批	《水土保持法》第二十五条规定，在山区、丘陵区、风沙区以及水土保持规划确定的容易发生水土流失的其他区域开办可能造成水土流失的生产建设项目，生产建设单位应当编制水土保持方案，报县级以上人民政府水行政主管部门审批，并按照经批准的水土保持方案，采取水土流失预防和治理措施。没有能力编制水土保持方案的，应当委托具备相应技术条件的机构编制。 水土保持方案应当包括水土流失预防和治理的范围、目标、措施和投资等内容。 水土保持方案经批准后，生产建设项目的地点、规模发生重大变化的，应当补充或者修改水土保持方案并报原审批机关批准。水土保持措施需要作出重大变更的，应当经原审批机关批准。 《水土保持法》第二十七条规定，依法应当编制水土保持方案的生产建设项目中的水土保持设施，应当与主体工程同时设计、同时施工、同时投产使用；生产建设项目竣工验收，应当验收水土保持设施；水土保持设施未经验收或者验收不合格的，生产建设项目不得投产使用

序号	项目	内　　容
2	水土保持的措施	水土保持的措施分为防冲措施、储存措施、覆垦措施、利用措施和植物措施。其中，防冲措施是指针对生产建设项目而布设的相应防冲拦渣工程；储存措施是指为弃土弃渣、尾矿尾砂而专门设置尾矿库或储渣储土库；覆垦措施是指针对废弃的开采场等覆土垦殖，增加植被，恢复利用；利用措施是指对废弃物综合利用。为保证经过批准的水土保持方案的严格实施，建设项目中的水土保持设施，必须与主体工程同时设计、同时施工、同时投产使用。建设工程竣工验收时，应当同时验收水土保持设施，并有水行政主管部门参加。水土保持设施验收不合格的，工程项目不得投入使用

C43　水利工程土石方施工的内容

★高频考点：开挖、锚固与支护施工的有关规定

项　　目		内　　容
开挖	《水工建筑物岩石基础开挖工程施工技术规范》SL 47—2020 规定	（1）严禁在设计建基面、设计边坡附近采用洞室爆破法或药壶爆破法施工。 （2）未经安全技术论证和主管部门批准，严禁采用自下而上的开挖方式
	《水工建筑物地下开挖工程施工规范》SL 378—2007 规定	地下洞室洞口削坡应自上而下分层进行，严禁上下垂直作业。进洞前，应做好开挖及其影响范围内的危石清理和坡顶排水，按设计要求进行边坡加固。 当特大断面洞室设有拱座，采用先拱后墙法开挖时，应注意保护和加固拱座岩体。拱脚下部的岩体开挖，应符合下列条件： （1）拱脚下部开挖面至拱脚线最低点的距离不应小于 1.5m。 （2）顶拱混凝土衬砌强度不应低于设计强度的75%。 洞内电、气焊作业区，应设有防火设施和消防设备。 当相向开挖的两个工作面相距小于 30m 或 5 倍洞径距离爆破时，双方人员均应撤离工作面；相距 15m 时，应停止一方工作，单向开挖贯通。

项　　目		内　　容
开挖	《水工建筑物地下开挖工程施工规范》SL 378—2007 规定	竖井或斜井单向自下而上开挖，距贯通面5m时，应自上而下贯通。 采用电力起爆方法，装炮时距工作面30m以内应断开电源，可在30m以外用投光灯或矿灯照明
锚固与支护	《水利水电工程锚喷支护技术规范》SL 377—2007 规定	竖井或斜井中的锚喷支护作业应遵守下列安全规定： （1）井口应设置防止杂物落入井中的措施。 （2）采用溜筒运送喷射混凝土混合料时，井口溜筒喇叭口周围应封闭严密

★高频考点：挖泥船对自然影响的适应情况

船舶类型		风（级）		浪高（m）	纵向流速（m/s）	雾（雪）（级）
		内河	沿海			
绞吸式	$>500m^3/h$	6	5	0.6	1.6	2
	$200\sim500\ m^3/h$	5	4	0.4	1.5	2
	$<200m^3/h$	5	不合适	0.4	1.2	2
链斗式	$750m^3/h$	6	6	1.0	2.5	2
	$<750m^3/h$	5	不合适	0.8	1.8	2
铲斗式	斗容$>4m^3$	6	5	0.6	2.0	2
	斗容$\leqslant4m^3$	6	5	0.6	1.5	2
抓斗式	斗容$>4m^3$	6	5	0.6～1.0	2.0	2
	斗容$\leqslant4m^3$	5	5	0.4～0.8	1.5	2
拖轮拖带泥驳	$>294kW$	6	5～6	0.8	1.5	3
	$\leqslant294kW$	6	不合适	0.8	1.3	3

C44 水工建筑物施工的内容

★高频考点：混凝土工程

序号	项目	内容
1	《水工碾压混凝土施工规范》SL 53—1994	（1）每层碾压作业结束后，应及时按网格布点检测混凝土的压实容重。所测容重低于规定指标时，应立即重复检测，并查找原因，采取处理措施。 （2）连续上升铺筑的碾压混凝土，层间允许间隔时间（系指下层混凝土拌合物拌合加水时起到上层混凝土碾压完毕为止），应控制在混凝土初凝时间以内
2	《水工混凝土施工规范》SL 677—2014	拆除模板的期限，应遵守下列规定： （1）不承重的侧面模板，混凝土强度达到2.5MPa以上，保证其表面及棱角不因拆模而损坏时，方可拆除。 （2）钢筋混凝土结构的承重模板，应在混凝土达到下列强度后（按混凝土设计强度标准值的百分率计），才能拆除。 ① 悬臂板、梁：跨度 $l \leq 2m$，75%；跨度 $l > 2m$，100%。 ② 其他梁、板、拱：跨度 $l \leq 2m$，50%；$2m <$ 跨度 $l \leq 8m$，75%；跨度 $l > 8m$，100%

★高频考点：水利工程验收

序号	项目	内容
1	《水利水电工程施工质量检验与评定规程》SL 176—2007	施工单位应按《单元工程评定标准》检验工序及单元工程质量，作好书面记录，在自检合格后，填写《水利水电工程施工质量评定表》报监理单位复核。监理单位根据抽检资料核定单元（工序）工程质量等级。发现不合格单元（工序）工程，应要求施工单位及时进行处理，合格后才能进行后续工程施工。对施工中的质量缺陷应书面记录备案，进行必要的统计分析，并在相应单元（工序）工程质量评定表“评定意见”栏内注明
2	《水利水电建设工程验收规程》SL 223—2008	（1）当工程具备验收条件时，应及时组织验收。未经验收或验收不合格的工程不得交付使用或进行后续工程施工。验收工作应相互衔接，不应重复进行。 （2）枢纽工程导（截）流前，应进行导（截）流验收。 （3）水库下闸蓄水前，应进行下闸蓄水验收。 （4）引（调）排水工程通水前，应进行通水验收。 （5）水电站（泵站）每台机组投入运行前，应进行机组启动验收